可複製的領導力 2

樊登——著

樊登的7堂管理課，
讓優秀的員工自己長出來

目次

第二章　從機械態思維到生物態思維

第三章　打造生物態組織的五大方法論

第七章　掌握情境領導，在溝通中賦能

推薦序

工具人是不會成長爲一萬分的人

劉潤

前段時間我和樊登老師做過一次直播，他分享了自己的一本書——《可複製的領導力②》。

其中有一句話讓我大受震撼：

「我們不是讓八〇%的人做到八〇分，而是讓一〇%的人做到一萬分。」

爲什麼？因爲環境變了。

我們從勞動密集型時代，到了知識生產型時代。

你有沒有發現一件事？現在企業的成功，越來越依靠單獨的ＩＰ、依靠爆款的產品、依靠網路的傳播，頭部化現象非常明顯。

所以企業也要轉變思路，不能追求絕對的標準化，而是激發每個人變得個性化。這個個性化的人成長了，他就能引領組織的成功。

那該怎麼做呢？

樊登老師說在他們公司特別喜歡一個詞，叫做「沉浸者」。一個人想要不一樣，就要沉浸在一件事裡面思考、鑽研、琢磨。一個年輕人如果喜歡剪影片，你就讓他剪。如果他喜歡做設計，你就讓他天馬行空，不要干預，不要插手，讓他發揮。只要願意好好幹、沉浸地幹，一定能幹好。

有的管理者非常討厭，總喜歡說都聽我的，可是爲什麼要聽你的呢？是因爲你能力強？還是因爲你官大呢？管理者不全是聰明人，恰恰相反。很多管理者都是糊塗蛋。不懂，還會瞎指揮。

都聽你的，那你就會變成公司的瓶頸，員工也會變成工具。工具人是沒有活力的，沒有活力的人，沒有自主性，也就是穿著白襯衫的奴隸，這樣的人是不會成長爲一萬分的人的。

人是有生命的，人是不願意成爲一個零件和一顆螺絲釘的，公司給大家兜個底，然後允許大家犯錯，這就可以了。

自由的環境會成長出獨特的人，全心全意沉浸在一件事情裡，一定會成長，一定會把事情做得比原來精采得多。

《可複製的領導力②》有著對當前商業環境的敏銳洞察。我們已經進入了一個由「瘋狂世界」主宰的新場景之中，只有讓優秀員工不斷湧現、不斷自我成長，才能幫助企業擁有對抗變化的強大韌性，並由此實現業務破局。

（本文作者為《底層邏輯》作者、潤米諮詢創辦人）

推薦序

「永遠想著成長十倍」激發出更多夥伴潛能

馬克凡 Mark.Ven Chao

我 Mark.Ven 馬克凡是位連續創業者，其實網路創業的核心之一是：「如何創造十倍好的產品」，這是破壞式創新很重要的重點核心。所以不論我在做ＩＭＶ品書俱樂部，或是自己的其他事業體時，都會不停反問：「如何讓公司可以十倍成長？」因爲用「成長十倍」去思考問題時，跟「成長一〇％」去思考問題時，所看到的觀點、格局與解法，會完全不一樣！

舉例來說，如果開一家漢堡店，想著要業績成長十倍，可能要想的是：建立漢堡自動販賣機、品牌異業聯名、打造漢堡手作活動。但想著增加一〇％時，可能想的是：節省成本、加班、做優惠促銷。這兩個觀點，所帶來的成果截然不同，而網路創業當中的破壞式創新，就是將這個概念，科學化地落實執行！

過去我從沒想過，這個概念可以用在「領導力」當中，這次看了樊登的書後，恍然大悟。在本書《可複製的領導力②》中提到，他將《可複製的領導力》中的核心價值「讓八〇%的人做到八〇分」改變成「讓一〇%的人做到一萬分，鼓勵另外九〇%跟這一〇%的人看齊」，這就是運用了「十倍好理論」。

「讓一〇%的人做到一萬分，鼓勵另外九〇%跟這一〇%的人看齊」，其實前半部分跟後半部分各自有很大的哲學，也貫穿作者想在本書跟讀者分享的觀點！

面對領導與管理夥伴的時候，在過去，建立制度可以讓多數人達到八十分，但在快速變動的環境當中，這種領導方式，不僅局限公司的成長，甚至更讓夥伴的成長也卡關。所以現在不僅創業要用「十倍好理論」，就連領導管理與培養人才，也必須用「十倍好理論」來讓夥伴能夠換個腦袋，讓彼此都能成長。

也因爲領導重點變成「讓夥伴十倍好」，所以整體採取的方式要從「制度」蛻變成「引導」，領導人扮演在旁引導與分類的角色，讓組織成爲「有機生長型組織」，讓夥伴們自己生長茁壯，這是前句話「讓一〇%的人做到一萬分」的含意。

至於「鼓勵另外九〇%跟這一〇%的人看齊」，正與我最常說的「最好的領導，就是做好自己，讓人模仿」恰恰有異曲同工之妙。先讓少部分的人能有「十倍好」的觀念與成績，進而影響組織內更多人能模仿，只要建立了這樣的機制，整個組織就會開始有機生長。

這本書眞的很適合管理經驗有一段時間的人看，或是正在做組織轉型的人看，因爲時代的不同，領導者的腦袋也要換，書中從觀念切入，並將溝通、管理、架構，都用此觀念重新詮釋與提供工具，更是打通任督二脈。之前我也曾想到類似的概念，但透過作者樊登用不一樣的角度詮釋，讓我以更全面的角度學習「領導力」這件事情！本書値得一讀。

（本文作者爲IMV品牌執行長）

推薦序

做溫暖和睿智的人

寧向東

初識樊登，是在中央電視台做節目，快有二十年了。那時，他還在中央電視台工作，同時兼任《管理學家》雜誌的執行主編。大家一起做嘉賓，評論企業和企業家，分享各自的觀點。在這個過程中，我對他有了一些了解。樊登給我的感覺是：禮貌客氣，觀點犀利。

又過了一些年，知道他創辦了樊登讀書會，這個平台影響了數以千萬的人。我們偶爾會在會議上碰面，我也參加過樊登讀書會的節目。十幾年過去了，我發現樊登的特質有所變化：禮貌變成了一種溫暖；觀點依然犀利，但是以一種更加睿智的方式呈現出來。某種意義上，樊登是自帶領導特質的。溫度是最有力量的物質，溫暖形成了獨特的魅力，而睿智則會給跟隨者以明確的方向感，發揮四兩撥千斤的作用。我一直以爲，這兩點是領導力要素的核心，或者說是核心中的核心。

人們都願意和有溫度的人成爲朋友，更願意和這樣的人一起工作。大家也願意跟隨一位聰明人、一位有智慧的人走向不確定的未來。睿智的人看事情往往通透，這樣就不會進退失據，不僅可以帶領大家走向成功，還會讓自己更有溫度，也更有影響力。

影響力，恰恰是領導力的核心。

在《可複製的領導力》中，樊登用一系列的原則和具體做法爲溫暖和睿智做了注腳，他希望更多的人可以像他一樣，培育出屬於自己的溫度和智慧，改變自己，也幫助他人。在那本書裡，他使用了最基本的敘述方式，像是手把手帶徒弟。而在《可複製的領導力②》中，我感受到了他的變化，就是用啓發去賦能。眞正的賦能，可以讓優秀的員工舉一反三。用樊登的話說，就是「自己長出來」。

我們正處於一個快速變革的時代。二〇一八年之後，中美貿易摩擦、新冠肺炎疫情等事件突如其來，不斷撕裂著我們習慣了的社會經濟型態，世界的樣貌大大改變。同時，技術創新的速度前所未有，人口結構上的變化也深刻影響著中國社會經濟的底層邏輯。沒有人能夠明確地告訴我們未來的世界會怎樣，但我相信，人類文明的腳步一定會堅定向前。無論經歷多少波折，當我們站在下一個高點的時候，一定會爲自己的適應能力和進化能力感到自豪。

領導力，是人類適應能力和進化能力的重要部分，在變革時代，它尤其關鍵。我們需要更多的溫暖，也需要更多的睿智，既包括深刻的思想，也包括巧妙的行動。我們需要創造更多的領導者。

樊登的新書描述了他預見到的變化：從正常世界到瘋狂世界，從機械態組織到生物態組織，這是非常有價值的洞察。他也給出了打造生物態組織的五種基本思考方法：十倍好、反脆弱、低風險創業、放權與試錯、讓組織自己長出來。

這五條洞見，值得每一位讀者認眞思考。

身爲一名管理學領域的老兵，我見過的東西不能算少，但當我看到樊登的這五條概括時，還是眼前一亮。樊登講的都是緊要的東西，也是趨勢性的東西，我對此有著深深的共鳴。樊登所展示的思考力，是一流的。身爲朋友，我爲他高興。

生物態組織，是對未來組織的一種形象描述，我自己習慣稱之爲「海葵型組織」。不過無論用什麼詞彙，在未來的不確定世界裡，讓基層組織更有活力和創造性，在「變」與「不變」之中尋找平衡，發揮力量，是我們得以生存和發展的關鍵。

領導力大師華倫・班尼斯曾經說，好的變革，來自環境的溫和提醒，以及追求眞理的策略。他說，有了充分的信任和協作，再加上知識，組織就會沿著民主的道路不斷地進步。

班尼斯在當大學校長時，每週三下午都會開放辦公室給任何人，甚至是校外的人，讓他們說出自己的問題、抱怨、意見和建議。但班尼斯也不想越俎代庖，插手該由系主任、教務長或副校長決定的事，他請這些人也來參加接待。同時，由專人做現場紀錄，以便督促後續措施的落實。班尼斯每次都會在晚上八、九點目送最後一個人離開辦公室。無疑，這個過程向大家傳遞了溫度，也凝聚了眾人的智慧。

班尼斯沒有自誇過這些努力的結果，不過他在評價威爾許的時候，表達了對這種領導方式的喜愛。他說，威爾許領導奇異公司的時間長達二十年，人們不會記住他的戰略天賦；人們會牢記的，是他激勵和調度大家的那種方式。正是這種方式，讓多條業務線上工作的無數人投身建設性的工作中。威爾許會因此而被記入人類的商業史中。

班尼斯說，領導者的責任，是播種、培養和營造氣氛，這是一種「農業模式」。而另一位領導力前輩道格拉斯．麥葛瑞格，則是把促進員工成長的技術概括爲：陪伴、播種、催化、示範引導和收穫。無疑，這些都要以溫暖和睿智做爲基礎。

最後，我想向讀者提一個建議。因爲這本新著不再是手把手地教授，而是希望帶給讀者更多的啓發、思考和賦能，所以，我建議大家用相互討論的方式來閱讀這本書。美國詩人朗費羅曾經寫過這樣一句詩：「漫天陰雨，不會只傾注到一個人的生活中。」未來之事，就是大家之事，而如何應對大家之事，需要齊心協力。

願我們共同生長，面對未來。是爲推薦序。

（本文作者爲北京清華大學經濟管理學院教授）

【好評推薦】

新東方教育科技集團的發展變化一直提醒我，讓組織擁有反脆弱的能力非常重要。有很多事情都是我們無法掌控的，用控制的理念去做管理往往無法迅速變革。就像《可複製的領導力②》所說的，只有激發個體的善意，讓優秀的人才根據環境的變化快速做出業務調整，才能使企業獲得強大的生命力。

——俞敏洪，新東方教育科技集團董事長

當我們確信眞正意義上的企業必須是機械態與生物態兼具、企業生存環境已不可避免地由「正常世界」進入「瘋狂世界」的時候，這本「新長出來」的《可複製的領導力②》爲我們學習新理念和新方法論做好了充分準備。

——劉東華，正和島創辦人兼首席架構師

樊登博士在這本書裡講了一個非常重要的觀點：要想把領導力這件事情搞好，最重要的是要有批判性思維。時間會把一些常識變成「舊常識」，《可複製的領導力②》帶給你的是應對變化的「新常識」，教你如何克服慣性，正確地做事。

——宋志平，中國上市公司協會會長

自序

讓優秀的員工自己長出來

不是每一本暢銷書都應該出續集，除非作者眞的有話要說。

《可複製的領導力》出版的時候樊登讀書有三百萬用戶，這些年裡，這本書得到大家的抬愛，有了將近兩百萬冊的銷量，樊登讀書的用戶也突破了五千四百萬。我們的員工也從最早的十幾個人變成了幾百號人，管理和領導的難度呈倍數增長。不過最讓我引以爲豪的並不是公司增長的速度，而是我的生活節奏沒有因爲業務的增加而打亂。我依然生活在北京，公司團隊在上海，我每天的主要工作是讀書、跑步，偶爾演講，以及每週直播一次。我本人是《可複製的領導力》最大的受益者。如果不是之前十年把功夫下在領導力的研究上，我恐怕早就被繁重的工作和焦慮的心情壓垮了。

但領導力是一個變化的東西。前段時間我受中金公司邀請去講「可複製的領導力」，他們的期待是我能講講《可複製的領導力》這本書裡的內容。但我開場就很抱歉地說：「『可複製的領導力』已經變了，我今天要講的是『不可複製的領導力』（笑）。」我用了一下午時間說清楚了《可複製的領導力②》存在的意義和價值，也獲得了大家普遍的認同。

在《可複製的領導力》裡，我們強調的是「讓八〇%的人做到八〇分」，這是一個非常工業化的想法。因爲在寫那本書的時候，行動網路還沒有今天這麼發達，各行各業的冪次分布還沒有這麼明顯，公司與公司的競爭體現在平均水準的競爭上比較多。換句話說，這個世界體現較多的是「正常世界」的特徵。這是納西姆·尼可拉斯·塔雷伯的觀點：當事物呈現常態分布的時候，就叫做「正常世界」；當事物呈現冪次分布的時候，就被稱爲「瘋狂世界」。比如我們的體重、壽命、身高、閱讀量、運動量等指標就屬於正常世界。特別多和特別少的都是少部分人，大部分人居中。而一本書的銷量、名人的熱度、財富的分配，這些指標則比較屬於瘋狂世界：頭部的人拿走了絕大多數，剩下的人都差不多。

在十幾年前，企業的經營呈現出的多是正常世界。有厲害的巨頭，也有破產的倒楣蛋，大部分企業都差不多。就像商場的銷售額一樣，可以大致用地段、坪效、裝修估算出來。那時候誰也沒有想過一個人坐在直播間裡就可以賣出十家大商場的量。這時候你會覺得「瘋狂世界」這個名字還挺貼切的。公司內部的變化也是如此。在正常世界裡，一個優秀的員工可能相當於三~五個普通員工，比如我們過去看到的售貨員、報關員、會計、工程師等。但在瘋狂世界裡，一個優秀的員工就能拯救一家公司。比爾·蓋茲說一個優秀的程式設計師抵得上一萬個普通的。一個優秀的產品經理、一個優秀的作家、一個優秀的設計師、一個優秀的講書人……都可以一個人活成一支隊伍。爲什麼這個世界越來越趨近於「瘋狂」？核心原因是技術。行動網路、大數據、人工智慧、雲端運算，這些新工具的共同特徵就是給每個人賦能，消除不必要的中間環節和重複勞動，所以最不可被替代的創意部分變得越來越值錢，價值被無限放大。企業的價值創造全面進入「瘋狂世界」。

正是基於這樣的大背景，我對領導力的思考也在發生著巨大的變化。《可複製的領導力》講的依然有效，透過工具化提高員工的整體素質，讓八〇%的員工做到八〇分。但最終拯救公司的將不再是這八〇%勤勤懇懇的人，而是二〇%、甚至二%充滿了活力和創意的「離經叛道」的人。工業化的時代強調標準化、流程化、簡單化。因爲組織和產品都是標準化的，人的個性和不確定性反而成了組織的絆腳石。所以正如亨利．福特曾經說過：「我只想要一雙手，爲什麼還要來個腦袋？」但在今天這個後工業化的時代，人的個性和活力成爲組織最爲稀缺的東西。如何保護和激發團隊的活力成爲所有管理者最重要的課題。這些天才般的人都不是靠流程和規定打造出來的，而是自己「長」出來的。亞馬遜在創業中總結出來的「有路不走」、華爲創辦人任正非說「方向大致正確，團隊充滿活力」都是這個道理。我也越來越深刻地認識到，每一個成功的創業都是一次原創。企業內部的迭代和發展就是創業。過去企業管理所強調的「標竿學習」「最佳案例」往往都變成了一個又一個的坑。因爲環境變化太快，技術更迭太快，消費者興趣轉換太快，明星紅得太快、涼得更快，所以你只能做自己的最佳案例，而無法模仿和追逐別人的腳步。這就是爲什麼在了解「瘋狂世界」的背景後，我在這本書裡要強調生物態的重要性。可以這麼說，《可複製的領導力》是機械態的基礎能力，《可複製的領導力②》是在進行生物態的啓蒙運動。

一個管理者要建立生物態的思維是很不容易的，其最大的困難不是理解這些概念，而是在實踐中戰勝自己的貪婪和恐懼。人都有這樣的弱點，一旦成功就想控制。控制既能帶來成就的滿足感，又能減少失控的恐懼感。但控制的欲望和過度的自信正是生物態最大的敵人。即使是英明神武的賈伯斯，也對大量專案產生過嚴重的誤判。覺得自己的判斷和決策能力優於其他人，往往是成功者的自我催眠。在生物態的世界裡，成功是一件相當偶然的事，而隨機性發揮了很大的作用。身爲管理者，我們最應該做的事情就是增加組織成功的可能性，讓更多的人以更大的熱情做方向大致正確的事情。同時我們也要保持反脆弱性，讓一百次失敗也無法傷筋動骨，但一次成功就能拯救整個公司。這就是我每天在講，也正在做的事情。

在這本書裡你會看到很多圖書對我的影響。首屈一指的當然是塔雷伯的《反脆弱》和《黑天鵝效應》，它們讓我接受隨機性的巨大影響力，告訴我不要過度自信和傲慢，警惕光環效應對自己的誤導。

其次是一系列關於複雜科學的書，包括《複雜》《失控》《深奧的簡潔》。這些書爲我打開了完全不同的一扇門，讓我從過去對計畫和局部優化的迷信中解脫出來。當你試圖用簡單體系的思維方式解決複雜問題的時候，只會讓自己和他人都越來越抓狂。因爲解決問題的方法本身就會帶來新的問題，於是你要優化和處理的問題變得無窮無盡。想想那些拚命陪著孩子上補習班的家長就能理解了。

解決複雜問題的密碼在於生命體本身，對組織來講，就是組織的使命、活力和學習能力。這三根支柱一旦啓動，你就會發現每個人的潛力都是無窮的。而這三根支柱背後的精神動力是對社會的愛、對自己的愛和對自然的愛。愛這個社會，才會想要做有意義的事情，才會有了不起的目標。愛自己（不是自私）才會充滿活力地生活和工作，愛嘗試新東西。愛自然或敬畏自然才會有好奇心，好奇心帶來謙虛，於是所有的挫折都成爲學習的機會。

還有一類圖書屬於更早期的生物態實踐者，比如《賦能》《零規則》。透過這些書我們知道有人這麼做過，而且很成功。

我認爲這本書的銷量和口碑可能不會超過《可複製的領導力》，因爲《可複製的領導力》誰都能看得懂，而且符合大家的常識。我曾經在一家烤鴨店看到每個服務員都有一本《可複製的領導力》，說是主管要求他們每個人都看。而《可複製的領導力②》的基本理論是反常識的，因爲我們平時看不到複雜體系，只能看到局部優化的效果。而且我所宣導的「2」的領導力模式會讓很多管理者覺得不安全、不爽，會讓他們認爲短期成本升高。但我只能如實地呈現我認爲最有益的領導力心得，儘管它可能不會像「1」一樣叫好又叫座。

每個人都需要取捨。我是寫一些大家更容易接受的觀點爭取更大的銷量，還是大膽說出我所能看到的眞相引發口誅筆伐，甚至再也沒人推薦給員工看，這是我的取捨。你也可以繼續保留控制和勤奮，讓自己像個木匠一樣累並快樂著，當然還可以試著勇敢地接受瘋狂世界帶來的失控感，輕鬆地看著你打造的森林茁壯生長。

第一章

從正常世界到瘋狂世界

外部環境正在發生巨大的變化，出奇的、違反常規認知的事物越來越多，人與人的能力差距也越來越大。瘋狂人才對組織的發展發揮了至關重要的作用。

讓一〇%的人做到一萬分

在傳統的市場思維中，管理者期望的員工成長總是集體性質的，即希望團隊中每一個人都能成爲獨當一面的人才。在彼時的市場環境中，這類想法是正確的。隨著時代變革的速度不斷加快，換個角度思考一下，我們是否還留有足夠的集體進步的空間和時間？跟大家分享兩個有助於理解當前時代的詞語：瘋狂世界和正常世界。用這兩個詞，我們可以把世界分爲兩部分。在正常世界裡，所有的事物基本都符合常態分布，出奇的、違反常規認知的事物不多，人的能力的上限和下限差距也不大，所有人都保持在離平均水準很近的位置上。相對的，瘋狂世界完全相反，其中會出現各種匪夷所思的可能性，能力上下限的差距也十分大，我們甚至也可以認爲在瘋狂世界裡根本不存在上限。

有兩百個人坐在同一間教室裡，如果此時從外面走進來一個人，那麼他有沒有可能使教室裡兩百個人的平均體重增加一公斤呢？基本上不可能，因爲在正常世界裡，人類的身高、體重是符合常態分布的，也就意味著很難找到一個體重兩百多公斤的人。

但是，如果同樣進來一個人，有沒有可能讓兩百個人的身家平均增加一億呢？無疑是有可能的，而且這樣的人即便是在中國也有很多，放眼到全世界，數量就更多了。

案例中的前一種情況屬於正常世界，後一種情況則屬於瘋狂世界。大家如果仔細觀察過眼前的世界就會發現，隨著技術、思維、認知等因素快速且劇烈地變化，屬於瘋狂世界的事物越來越多，正常世界中的事物相對就變得越來越少。

比如 To C（針對終端客戶）的銷售，傳統百貨公司能獲得多少銷售額，很大程度上取決於地段、裝修、人員素質等因素，如果綜合素質高，銷售額就會高，反之則會比較低。但是這種高與低之間的差距不會很大，換句話說，傳統百貨公司屬於符合常態分布的正常世界。然而，在一個瘋狂世界裡，借助網際網路思維和配套的工業基礎設施，使得電商大行其道。在淘寶、京東、拼多多等電商平台上，一些頭部企業可以獲得較之以往數倍，甚至數十倍的銷售額。

瘋狂世界背後的邏輯

在如今的時代趨勢中，瘋狂世界的事物之所以變得越來越多，其實是有一套完整的解釋和邏輯的，《深奧的簡潔》這本書就給出了一種答案。該書的作者是劍橋大學天文物理學博士約翰·葛瑞賓，他在書中闡述了一個觀點：世界上所有事物的背後都有數學原理。

數學原理決定了上海是否堵車，決定了新冠肺炎疫情的散布規律，決定了某個人的成長軌跡，甚至能決定一隻貓身體上花紋的分布，這些現象都源自數學中的一個體系：混沌體系。當我們把一個珠子放在碗邊，鬆開手後珠子就會在碗裡毫無規律地上下左右運動，這個運動的過程就是混沌體系。雖然我們無法判斷它的運動過程，但它最後靜止的狀況和位置，我們是可以預測的，即停在碗底。最終靜止不動的狀態被稱爲「吸引子」。

任何一個混沌體系最終都會回歸於吸引子，所以體系內吸引子的數量和分布就決定了該體系最終的結局。比如貓的花紋本質上是色素，色素在一個混沌體系裡不斷地凝結，毫無規律地隨機分布，最終停留在吸引子並呈現在貓的身體上。色素表面積大的部分就是斑塊，稍微小一點的就是環，吸引子的部分就成了一個尖。可能未來的某一天，當人類的生物科技發展到一定的高度，我們甚至能控制貓的斑紋如何分布，這也是我認爲機械體和生物體之間界限非常模糊的原因。

其實，不只是某一個生命體的成長軌跡能用數字規律描述，從更加宏觀的角度來看，整個人類的工業史同樣如此，我們可以把它看做一條冪次曲線。在工業革命之前，人類社會發展進步的速度十分平緩。如果讓一個清朝的人穿越到秦朝，可能在語言、生活習慣等方面會有所差異，但對世界的基本認知，即社會發展的水準，清朝與秦朝相差不大。但是在工業革命之後，發展速度一飛沖天，同樣是那個清朝人，如果穿越來到現代，看到高樓大廈、飛機、高鐵、電腦，如今我們認爲稀鬆平常的一切，他都無法理解。即便是一九九〇年代的人穿越到今天，可能也會產生疑問：爲什麼大家都不帶現金了？

短短二、三十年，人們對世界的認知就會發生天翻地覆的變化，更關鍵的是，這種變化有可能會越來越多，變化的幅度越來越大。跟大家分享一個我個人的體會。伊隆．馬斯克想要上火星的新聞，大家應該都知道。在此之前，普羅大眾的認知是，探索宇宙一般需要以國家的力量和資源爲支撐，集合地球上最聰明的一幫人才能完成。如今一家私營企業居然也具備了這種能力，而且還向世人賣票，這讓人不得不感嘆，瘋狂世界越來越多，似乎已經取代正常世界成了「正常世界」。

這種改變對現代社會中的人來說，影響同樣巨大。就如同那個清朝人一樣，如果我們不成長，不瘋狂地汲取新知識、培養新思維，很可能會在極短的時間內被淘汰。

用一〇%帶動九〇%才是瘋狂世界的競爭之道

我講「可複製的領導力」已經有一些年頭了，之前的目標一直都是「讓八〇%的人做到八〇分」，我們期望提升整體的素質，大家齊頭並進、共同奮鬥推進事業的進步。很明顯，這是一個建立在正常世界背景下的口號。然而，正常世界加速向瘋狂世界的過渡、變遷給了我很大的啓發，我開始反思之前的口號是否還能在新時代、新世界中站得住腳，並從另一個角度得出了一個符合新需求的口號，也就是讓一〇%的人做到一萬分，鼓勵剩下九〇%的人向一〇%看齊。同時我也相信，這才是未來更有競爭力的生存之道。

可能有人認爲我講得太誇張了，但我堅持相信這就是未來。過去很多企業特別在意一個數字：人均產出。美國華爾街、上海浦東等地之所以能吸引世界各地的精英人才前往，就是因爲這些地方的人均產出高，賺的錢多。在華爾街人均年產出兩百萬美元，可能就有機會拿到五、六十萬美元的報酬。

但是如今人均產出這個詞出現在人們視野之中的頻率越來越低了，因爲瘋狂世界中的產出變得十分集中，集中在「吸引子」上，很難用平均水準來闡述。

一提到直播帶貨，很多人腦海中第一個出現的人就是「OMG！買它！」的李佳琦。身爲婦孺皆知的頭部大主播之一，將其定義爲「一哥」並不爲過。[1]二〇二一年十月二十一日公布的淘寶主播銷售榜資料顯示，李佳琦在二〇二一年十月二十日雙十一預售直播的銷售額高達一〇六・五三億元。僅僅一個晚上，就收穫了一家公司一年都無法達成的戰績，「吸引子」的巨大作用和意義已經無須多言。

再比如中國脫口秀領域中的《今晚80後脫口秀》、笑果文化，他們的當家花旦王自健、李誕等都是觀眾熱愛一檔節目最主要的吸引點之一。其中，李誕以其幽默的語言和感染力俘獲了大批擁躉，極大地推動了中國脫口秀行業的發展。

反哺行業，推動行業發展，是一個「吸引子」巨大能量的典型體現。

更爲關鍵的是，李佳琦、李誕等並不是個例，而是瘋狂世界裡的一種普遍現象。在大量的網路公司中，能爲專案困境帶來破局點的人往往就是某一個人，或者三、五個人的小團隊。

我更改了可複製的領導力的目標，強調「讓一〇%的人做到一萬分」而不再追求共同進步的出發點，就是因爲我們已經進入一個以瘋狂世界爲主導的時代，新時代的市場競爭是團隊翹楚與翹楚的碰撞，先突破的團隊就有搶占市場和客戶的先機。因此，管理者應當調整自己領導團隊時的思維和思路，從機械態思想轉向生物態思想，在團隊中做取捨，讓更多的人自動地生長。

1. 編注：頭部主播指粉絲多、收益高的主播。

要敢於給員工開高薪資

「讓一〇%的人做到一萬分」算是企業在對待人才時一個綱領性的原則，也就是我們要有針對性地做到資源傾斜，有效促進「瘋狂人才」的成長。在網飛的管理思路中，有一條與眾不同但特別有意思的規定，即網飛會給員工提供相同職位、全業界最高的工資。

具體如何操作呢？假如一名員工有能力從獵頭處獲得比當前更高的薪資，那麼網飛就會在獵頭給出的薪資基礎上再加錢。比方說，如果獵頭承諾提供一百二十萬美元的年薪，那麼網飛就可能會給員工一百二十五萬美元。

我相信很多人會質疑這種管理措施：這樣做難道不擔心員工不專心於工作，而是隔三岔五地去找獵頭並以此來漲工資嗎？當然不會，網飛對員工有充分的認知。

首先，一心妄想以此舉提升薪資的員工只是很少一部分，而且他們大都存在很強的辨識度，一經發現就會被開除。其次，有能力的人一定能在某個場合、某個專案中脫穎而出，網飛對這部分人的薪資從來不會吝嗇。

在一家追求卓越、願意不斷突破自我的企業裡，如果雞蛋裡挑骨頭式地給人才找一個缺點，那麼「貴」確實可以成爲選項之一。但是貴的缺點只在正常世界中成立；在瘋狂世界裡，它根本不會成爲企業需要斟酌的問題。

「瘋狂」的員工具備「瘋狂」的價值

價格和價值之間的對比關係在某些職位中體現得十分明顯。比如一個有專業能力和豐富經驗的程式設計師與一個剛入門的技術小白，在程式設計師出身的比爾·蓋茲的眼中，兩者的差距如天塹一般，是難以用某種具體標準衡量的。因爲一個技術不過關的程式設計師輕則製造bug（漏洞），拖累專案的進度和週期，重則摧毀前期所有的工作成果，相關的新聞報導也是屢見不鮮。相對的，一個優秀的程式設計師則有可能成為世界首富。

另一個存在顯著對比的職位是銷售。在傳統的正常世界裡，銷售基本都是站在櫃檯裡等待客戶光臨，所以各個銷售人員的業績基本都維持在同一水準，相差不會太大。但是借助電商平台、直播平台、自媒體平台，以及各種網路技術和思維，銷售的業績差距瞬間被拉開。

給大家舉一個具體的案例：尚品宅配。早在十年前，尚品宅配就開始預見式地布局直播、網紅領域，它宣導自己的員工去各個平台做直播。透過這些年的積累，家裝類垂直領域中排在前二十名，有價值、有影響力的網紅幾乎全是尚品宅配的人。

其中排在第一名的是一個網名為「設計師阿爽」的女生，對這方面有關注的人應當聽說過她。截至二〇二一年十一月二十四日，僅在微博一個平台，她就擁有一一四萬粉絲，影響力可見一斑。這樣一個網紅對尚品宅配來說，價值難以估量，最直接的體現就是她一個月可以為公司帶來好幾千單生意，即便是一家上市公司也需要鄭重審視她的能量。

在傳統的工業思維，即正常世界中，一家公司過於倚重某一個人，肯定會被大家認為公司的發展模式存在問題，是畸形的。但如果大家接受並領悟網路思維，進入瘋狂世界中就能明白，合理地藉由某一名員工或一個團隊來擴大公司的影響力和知名度，然後再跟上配套的基礎設施，比如公司的經營體系、其他人才等，這種發展模式是再正常不過了，甚至已經成為一股潮流，比如大家熟知的張小龍、羅永浩等，樊登讀書也是如此。

至此，我想問大家兩個問題：網飛給員工市場最高薪資是迫於無奈，還是一個高明之舉？如果公司面臨這種選擇，你會如何決策？

其實這兩個問題有一個共同的關鍵點：員工的價值。在正常世界裡，企業管理者一般會透過平日裡的工作表現、KPI等方式來判定一名員工的能力和價值，並根據這個判斷給員工提供相對應層級的薪資。但總的來說，這種方式是平滑的、均匀的、有跡可循的，而瘋狂世界的運行規律對抗的恰恰就是看起來公平合理的分配方式。

比方說，在正常世界裡，一個打掃衛生的阿姨十分優秀，各方面的能力都比同行突出，但如果讓她一個人頂替五個人去打掃整個商業辦公大樓，明顯是不太現實的。

再比如一個優秀的保全，他的能力範圍可能就是一棟樓，而想讓他一個人爲整個工業園區負責，也是不太可能的。因爲他們都是正常世界裡的普通人，拿到的是對應職業的市場平均薪資，人們也不會對他們有過多的期待。

正常員工創造的價值大多是清晰可衡量的，比如清掃了幾個樓層，但瘋狂員工的價值就難有明確的標準，比如「設計師阿爽」。因此，如果一個領導者以正常的標準去衡量一個「張小龍」、一個「羅永浩」，那麼明顯就是不合理的。對於突破常規評價標準的人才，我們就應當給予突破常規的薪資，這也是對他們價值的一種合情合理的報酬。

從領導力的角度來說，我一直強調要釋放員工的善意，與打破人才的發展阻礙類似，提供與員工價值相匹配的薪資，是一種更爲落實、更爲直接的激發員工上進心和奮鬥意願的方式，而且是一種不可或缺、不可被替代的方式。

釋放「瘋狂」員工的善意需要「瘋狂」的方法

除了領先市場的高工資，網飛另一個讓人百思不得其解，甚至讓人覺得特別不合理的規則就是開除合格的員工。因爲在網飛的管理理念中，如果一名員工達不到優秀的標準，達不到讓競爭對手爭搶的地步，就有可能、有必要淘汰。當我們把提到的兩條規則，或者說理念結合在一起，就能理解網飛的「用心良苦」了，他們把十名普通員工的薪資集中起來給一個「瘋狂」的人才，促使後者爆發出大於十個人的能力和價值。

更為關鍵的是，對於被淘汰的員工，網飛同樣仁至義盡，普通員工能拿到四個月的薪酬，副總裁以上的人員則能夠拿到六個月的薪酬。這些錢完全足夠支撐他們去尋找下一份工作，所以網飛很少在離職薪酬上和離職員工產生糾紛。

我個人是比較認同這種做法和邏輯的。對任何一家略有規模的企業來說，時間和精力遠遠比員工幾個月的薪酬更有價值。如果與員工因為薪酬鬧得很不愉快，甚至是勞資爭議仲裁、打官司，那麼公司前前後後付出的人力、物力、時間精力價值綜合絕對超過薪酬所代表的價值。

而且從員工的角度來說，這種現象會讓他們感到糾結，糾結離職到底值不值，猶猶豫豫之間又在工作崗位耗了半年。可是管理者此時就要思考一個關鍵點：這種狀態的員工根本不可能為公司創造太多實際的效益。因此，讓普通員工下定決心離開，而不是繼續渾水摸魚地工作半年，更為節省成本。

從這個角度來說，網飛高離職薪酬的高明之處在於，他們透過集中資源更大程度地釋放頂尖人才的善意，也在長遠角度上選擇了成本更低的一條道路，這是可複製的領導力所強力宣導的。

由此我們可以得到一些啓發，比如改變鍛鍊、培養人才的方法和思路。在傳統的可複製領導力的理念中，我認爲優秀的員工是可以慢慢培養出來的，應該有一套標準化、體系化的流程。因此，以前我們最得意的事情就是，任何一個普通人經過我們的培訓和賦能，最終都能成爲一名職場精英，獲得超高年薪。

但我們逐漸意識到，追求標準化的思維其實就是正常世界的思維，它適合的是穩紮穩打、渴望慢慢發展的公司。而要想實現高速發展，在瘋狂世界裡獲取成功，就需要我們轉變思路，用瘋狂的方法去釋放瘋狂人才的善意，由他們創造巨大的價值。如果腳踏實地地把這條路走通，那麼瘋狂的人才其實才是最具ＣＰ值的人才。

減少管控，給員工更多的自主性

在普通人的認知裡，天才一般都是高冷、可望而不可即，以及具有一些常人不可理解的行爲習慣，其實換個角度來理解就是，天才、優秀的人比普通人更加驕傲，更渴望獲得認可和尊重。

這就導致在職場中，優秀的人才會更加堅持自己的理解和觀點，也更難伺候。比如在供應商眼中，一些頭部的電商帶貨達人不僅具備很強的議價權，而且對產品上市時的品質、價格也有諸多要求。

但正如大家看到的一樣，即便有如此多的限制條件，可是如果能力允許，供應商也願意找這些帶貨達人，因爲他們有能力賣更多的貨，而且透過他們，企業可以向消費者傳遞一個認知：我的商品是經過該達人認可的，品質、效果絕對可靠。反過來，透過這樣的認知和帶貨達人背書，企業又擁有了對消費者更高的議價權。

這就是一名優秀人才巨大的商業價值。

以隨機性營造自主空間，釋放員工善意

在管理優秀人才和普通員工時，企業領導者需要區別對待（管理制度上的區別，而非人格、道德上的區別），用規章制度標準化、規範化後者的日常工作；用尊重和認可激勵前者，創造更多的價值。

以影視業爲例：大家都知道影視業在製作內容時，強調的是創意和靈感，具備這些能力的創意型人才絕對是該行業爭相搶奪的寶貝。爲了留住和吸引更多的創意型人才，網飛破天荒地取消了報帳制度，只要員工提出報帳的請求，財務就會給錢。此舉在一定程度上意味著網飛減少了對員工的管控，給了他們更多的空間和更大的自主性。

《金融時報》的經濟學專欄作家提姆・哈福特在他撰寫的管理類書籍《亂，但是更好》中提出，運用KPI指標無法管理好一家公司。原因在於，KPI屬於剛性制度，而公司運行的種種行爲卻是極爲複雜的，用一個剛性的制度去控制一個複雜的機構，最終導致的結果就是上有政策、下有對策。所以我們會發現一個有趣的現象，全球這麼多的公司、機構，沒有哪一個集體裡的員工會站出來說自己特別熱愛KPI指標，並認爲KPI使得自己充滿了幹勁，更多的現象是員工在挖空心思去對抗、糊弄KPI。如果大家有過管理通路的經歷，就能更加清晰地感受到，不管公司給出怎樣的指標，通路人員總能想盡辦法去完成，至於最終的結果是好是壞、激發了善意還是惡意，則不在他們的考量範圍之內。

用小價值換取大價值

除了取消報帳制度，網飛另一個讓人更加無法理解的做法就是取消了立項制度。按照市場的普遍認知，一個專案是否立項應該由團隊開會討論，報備領導者審批決定，然後申請財務撥款，最後可能還需要成立一個委員會進行審查。網飛此舉意味著，任何一名員工僅需要根據自己的理解和意願，認爲一個專案可以做、可以投，那麼他就可以拍板實施這個專案。

給大家描繪一個具體的場景：一名剛入職網飛的墨西哥籍員工想要拍攝一部關於墨西哥的電視劇，因爲他認爲墨西哥的文化很有意思，值得宣揚，而且自己國內的人口、目標受眾都很多，這樣的電視劇一定很有市場。然後他就去找了一個拍攝團隊，雙方交流得很融洽，各個流程也都理得很順利。

萬事俱備，只欠東風，這名員工去找自己的上司申請啓動資金，大概需要一百五十萬美元。結果上司說他可以自己決定，只要他在合約上簽字，公司的財務就會付錢。這名員工就很不理解，難道數額這麼巨大的一筆錢，一個剛入職的新員工就有權利使用？

然後上司對他說：「這就是公司雇用你的原因。」

網飛之所以有魄力下放立項的決定權，是因爲在招聘時下足了功夫，只有他們認爲可信任、可放權的人才眞正有權利做這些事情。正如大家看到這項規定時所擔心的一樣：如果任何一名員工都能任意支取財務帳目上的一百五十萬美元，公司的生存肯定會出問題。

能夠獲得自主立項權利的人必須是一名職場精英，他們必須有著非常好的職場口碑、豐富的市場經驗和足夠的判斷能力。因此，入職本身就意味著網飛對他們綜合素質的認可，所以也就敢於放權讓他們去做嘗試，讓他們獨立運作一個完整的專案。

可能有人會好奇，網飛爲什麼要如此「特立獨行」呢？或者說，取消報帳制度和立項制度能夠給公司帶來哪些好處呢？給大家分享一個案例。

在一次跟三星談判合作的過程中，爲了給三星的來訪人員展示製作精良的超高畫質動畫片，網飛的員工便在辦公室內準備了一台超高畫質電視。大家可能也知道，網飛的主營業務就是這方面，所以他們辦公室的電視非常多，這就導致在與三星開會的前一天晚上，負責辦公室清潔的人員誤以爲這台電視是多餘的，就把電視收走了，剩下的都是達不到最佳展示效果的電視。因此，負責談判的人員到達辦公室後就傻眼了。更關鍵的是，三星的人員馬上就要到場了，再買已經來不及了。

就在大家慌亂無措之際，一個普通的基層程式設計師告訴他們，他看到前一天清潔人員拉走了那台電視，他怕談判人員需要使用，所以就在沒有向任何人彙報的情況下直接去隔壁的電器商場買了一台性能差不多的超高畫質電視。就因爲這一台電視，最終促成了這筆與三星的大合約。

用一台電視換取一筆大合約，這就是網飛取消相關制度、釋放員工善意、給員工自主空間帶來的收益。因此，我想問大家一個問題：既然網飛的措施（取消報帳制度和立項制度）如此有成效，爲什麼在如今的市場環境中，類似需要彙報、走流程的制度依然大行其道呢？爲什麼大家不直接學習網飛取消相關制度呢？

其實這個問題就是我想和大家強調的重點，當我們從學習者的角度去分析網飛效率高、行動力強的原因時，最重要的不是看網飛的具體行爲，而是要究其根本。是否取消報帳制度和立項制度根本不是問題的關鍵，網飛推出這些措施背後的本質邏輯和目的，以及這樣爲什麼有效果，才是眞正對我們有價値的內容。

大家可以回想一下自己的經驗，是不是見過因爲害怕主管不同意、不批准，所以在工作時畏首畏尾的員工？是不是見過因爲「需要等待主管審批」而錯過大好機會的場景？再對比一下我列舉的兩個網飛案例就會發現，影響事件走向的關鍵因素，很多時候就是員工是否有自主性。

當然需要指出的是，網飛給予員工的自主性也不是絕對的，職場中也很少存在絕對的事情。在員工報帳或自主立項時，有一個很重要的原則，同時也是企業文化的核心：網飛利益至上。只要符合這一原則，即便員工出差坐頭等艙，享用很高規格的餐飲，網飛也是認可的。

因此，當員工有豐富的經驗、有經過市場檢驗的能力和職業道德時，我們不妨減少公司層面的管控，多給予他們一些自由發揮的空間，這也是優秀人才有別於普通員工的最大價値所在。

第二章

從機械態思維到生物態思維

機械態注重管控和規則，生物態則更強調保護和激發團隊的活力，使其擁有更強的韌性和生命力，這正是當下管理者需要學習的重要課題。

從還原論到自我引用

機械態或生物態是兩種不同的企業組織形態，採用不同的「態」，企業在市場中展現出的面貌就會有所不同。提到機械態或生物態，我相信很多人腦海中或多或少都會出現相應的概念或理解，但對於兩者最本質的區別，卻很少有人能夠條理清晰地講出來。

爲了解答這個問題，我們首先得要回到古代的西方，去探查一番機械態思想的起源。

機械態的由來

在牛頓所處的時代，人們對宇宙和世界的認知基本處於混沌狀態，比如風雨雷電、火山地震等自然現象是如何產生的，以及是以何種原理運行的，人們都無法根據已有知識和認知給出一個合理的解釋。又因爲其中蘊含著人類難以抗拒的自然力量，所以當時的人們會把這些如今看起來稀鬆平常的自然現象加以神化，認爲天上有神靈天使在操縱著世間的一切。而對一些無法理解的負面現象，比如疾病，人們則會將其妖魔化，並選擇用放血療法來驅除魔鬼。與現代嚴謹高效的西醫不同，當時的這種醫療現在看來手段十分落後，將其稱爲「巫術」也不過分。

這種荒謬且不科學的治療方式一直持續到二十世紀初，當德國著名醫學家、諾貝爾生理學或醫學獎得主羅伯．科霍嘗試使用顯微鏡觀察細菌，人們才慢慢開始了解微觀世界，並由此逐漸衍生出了符合科學思維的醫學。

這種思維在由醫學界向整個科學界蔓延的時候，牛頓三大定律發揮到了至關重要的作用。比如牛頓第二定律：F＝ma，它幾乎可以應用於從宏觀世界到微觀世界任何一個人類觀察到的場景。由此，人類走上了機械化的道路。

當然，這種思維上的轉變並不是很徹底，傳統的神話思維依舊是一股很強大的力量，比如當時十分流行的兩種思維融合的結果：懷錶說。

受機械化思維的影響，人們把宇宙設想成爲一塊巨大的懷錶。同時受神話思維的影響，人們認爲這支錶是由上帝設計製造的，因爲如此精密和龐大的一個機械，依靠人力是不可能完成的。

信奉懷錶說的人與那些不相信上帝的人辯論時，總是會假設一個場景：當你獨自走在荒野之中，不經意間撿到一只懷錶，打開錶蓋，指針（也就是時間）正在滴答滴答地走著。請問：這樣精細的設計，如果不是上帝設計出來，難道是無緣無故自己生長出來的嗎？

同理，人類的各種器官，比如眼球、大腦、四肢，它們甚至比一只懷錶更加精密、更加與眾不同，由於缺乏有效的認知工具和科學基礎，人們只能認爲這些物質都是上帝精心設計出來的。即便是後世所有偉大科學家都十分敬重的牛頓，也深受這種思想的影響，成了一名虔誠的信徒。

牛頓曾經表示：「我所做的一切都是爲了證明上帝是一個數學家，祂用完美的數學設計了整套宇宙的結構，我只是比普通人更了解、更接近上帝。」虛幻的神祇和嚴謹、可證僞的科學似乎是兩個永遠無法相融的內容，由於時代的局限性，它們同時存在於牛頓的腦海之中。

當我們跳出時代大背景，從一個更加宏觀的角度去觀察人類思維模式的轉變過程，從神話思維到半神話半機械思維，再到機械態思維，最後到如今的生物態思維，任何一次思維升級都可以視爲科技、認知、科學知識等諸多因素綜合作用的必然結果。

因此，隨著時代的進步，受過教育的知識分子大都不再受神話的影響，開始傾向於更加科學嚴謹的機械態。有一個很典型的特點就是，他們在思考一個問題的解決方法時，會將問題模組化，然後再針對某一模組進行具體的分析、解決和優化，最終綜合起來就是整個問題的答案。

其中分解的過程類似於小品《鐘點工》中宋丹丹講的那個笑話：把大象關進冰箱總共分三步，第一步把冰箱門打開，第二步把大象裝進去，第三步把冰箱門關上。對擁有機械態思維的人來說，這根本不是一則笑話，而是一個「把大象關進冰箱」理所應當的解決方案。

把問題模組化、步驟化是典型的還原論（化約論）思想，而還原論則是典型的機械態思維。

未來需要超越機械態

我以往在講「可複製的領導力」的時候，最得意的就是把領導力與機械態思維相結合，比如把如何與人交流、如何激發員工的上進心和工作積極性、如何更加科學化地管理等問題，全部模組化，大家只要按部就班地操作便可以獲得成熟的領導力，實現有效管理。這種思路之所以能夠發揮顯著的效果，根本原因在於：當時的商業環境屬於正常世界，所有企業能力的增長、市場競爭激烈程度的增長都有跡可循，不可能突然跳躍到一個我們看不懂的層級上。

大家回顧一九八○、九○年代的市場環境，一家企業配置何種級別的執行長、哪個商學院畢業的MBA（企業管理碩士）高階主管，以及怎樣水準的員工，最終由這些人組成什麼樣的運行體系，建構怎樣的文化價值觀，都是有固定套路的。換句話說，這些都是機械態的。但是當周圍的世界變得「瘋狂」以後，很多產業的發展已經脫離了「套路」的範疇，也就變相地要求我們做出改變，以新思想、新技術、新體系構築企業的護城河，否則就很容易進入「寒冬」。

以房地產業爲例。有一次跟馮侖聊天，他說，在當下綜合的大趨勢中，房地產業絕對屬於弱勢族群，未來將會有一大批房地產公司倒下去。對此我非常不理解，房地產業有那麼多頂尖人才，這一行的市場又那麼大，怎麼會是弱勢族群呢？

馮侖解釋道，在這個行業摸爬滾打這麼多年，他發現房地產業其實並沒有核心競爭力，市場競爭的重心就是「關係」。當公司標中某塊土地後，後續的操作流程便與房地產公司再也沒有太多的關係了：建案設計交由建築設計院完成，蓋樓施工由建設公司完成，甚至賣樓也與房地產公司無關，而是透過協力廠商代理銷售。這就是傳統房地產市場大體的情形。

沒有核心競爭力也就意味著沒有護城河，任何有資金的公司只要有意願，隨時都能夠進場，所以大家可以看到阿里巴巴、中國平安都加入了房地產競爭的行列。可以預見的是，未來會有更多其他產業的大型公司跨行參加這場競逐。因此，對「全職的」房地產公司來說，接下來的產業生存環境會變得越來越艱難。此外，因爲傳統房地產業的整體趨勢是正向的，使用模組化機械態方法操作的房地產公司幾乎一定能夠賺到錢，因此大量的公司都樂於加槓桿，以更高的風險博取更多的利益。當機械態思維轉向生物態思維，傳統的方法就失去了原來的力量和應用環境，再加上政策和市場風向的改變，最終導致的結果就是，死守陳舊機械態思維的房地產公司很可能被淘汰。

從複雜體系到更多可能

房地產的生存法則由機械態轉向了生物態，其他行業也是如此。生物態與機械態不同，我們在理解時，不能單純地把生態模組化、步驟化，而是應該結合「生物」的概念去理解。

舉個簡單的例子。當我們形容一個孩子發育得好時，會說他生命力旺盛。相對的，如果應用機械態思維將「生命力」模組化，比如要求他們在體育運動、學習愛好等各個方面都像「別人家的孩子」一樣優秀，那麼最後的結果很可能是孩子的生命力被摧毀。更有甚者，他們會變得抗拒學習和運動，進而變得消極墮落。

「揠苗助長」的故事相信大家都聽過，禾苗是有生命力的，但這種生命力的成長需要時間和能量，是在自然規則下一種水到渠成的、連貫的結果。「揠」的過程看似加速了成長過程，本質上卻破壞了它的連貫性，最後自然得不到帶有生命力的「果實」。

因此，生物態的核心演算法與機械態完全不同，生物態從本質上來說是一種複雜體系。美國有一個非常著名的專門做複雜體系研究的學院——聖塔菲研究所（Santa Fe Institute），其客座教授梅拉妮．米歇爾寫過一本叫做《複雜》的書，對這個話題有興趣的讀者可以去看一看這本書。其他關於複雜體系較爲經典的圖書還包括凱文．凱利（《連線》雜誌創始主編）的《釋控》與傑弗里．魏斯特（世界頂級理論物理學家、聖塔菲研究所前所長）的《規模的規律和祕密》等。

與複雜體系相對的是簡單體系，後者存在一個十分有意思的點，也就是所有的簡單體系都依賴極其複雜手段的支撐和保證，比如登月計畫。登月絕對是一項追求嚴謹和細節的科學探索活動，其中的每一個步驟、每一個模組都必須標準且可控，每一個環節的數學計算都必須保證得到清晰明瞭的結果，甚至一顆小小螺絲釘的大小、規格也會有嚴格的要求，爲的就是盡最大可能地提升登月的成功率。

這是一個因果邏輯十分清晰的鏈條，也就意味著這是一套可還原的內容。如果第一次登月成功了，那麼理論上，使用同樣的操作，第二次也可以成功。即便失敗了，也可以參照第一次的行動手冊找出錯誤的環節，加以改正。

可追溯、可再現就是還原論的核心，也是簡單體系的核心。可能有人會認為，有標準可供參考和修正不是恰恰有助於改錯和成長嗎？持有這種觀點的人忽略了很重要的一點：可還原代表高重複度，有標準可參照，在工作中重現標準範本的邏輯是極其剛性的，是典型的機械態思維，這就從根源上扼殺了更多可能性與成長性。

複雜體系正好與之相反，其賴以生存的基礎都是十分簡單的規律，且一般不會超過三條。

曾有人詢問某個專門研究生物肽模擬的細胞自動機專家：現在的技術足以支撐模擬螢火蟲、螞蟻、沙丁魚、蒲公英，那我們能不能模擬宇宙大爆炸？宇宙最早的發端到底是什麼？這位專家給了一個特別經典的回答：我不知道宇宙的發端到底是什麼，但如果它有發端，一定不會超過三行程式碼。

有一本書叫作《起源的故事》，它講的主要內容就是一百三十八億年前的宇宙大爆炸。天文學家能夠用天文望遠鏡觀察到大爆炸之後一秒鐘之內遺留下來的資訊，其中包羅萬象。但是這一秒之前，即爆炸之前，一切都只是一個點，我們對此一無所知。從這個角度來看，老子的理念「有生於無」無疑是符合科學現象的。

宇宙爆炸發生之初，宇宙之中只有氫和氦兩種元素。在這之後的幾十億年中，兩種元素受力的影響不斷發生作用，恆星由此誕生；然後恆星死亡，坍縮形成高溫高壓環境，在這個過程中，鋰、鈹、硼、碳、氮等元素誕生，恆星坍縮後成為黑洞。在死亡和新生不斷交替的過程中，出現了一個極為與眾不同的星球——地球，而且孕育了適合人類生存的環境，其中最為關鍵的元素就是氧。

為了幫助大家理解在茫茫宇宙中地球出現的機率究竟有多低，我給大家假設一個場景：在一塊平地上擺放好沙子、水泥、鋼筋、電線等建築材料，然後往其中扔一顆手雷，「砰」的一聲過後，一座「三通一平」（水通、電通、路通和場地平整）的大樓就呈現在了我們面前。因此，把地球的出現描述為一個奇蹟中的奇蹟絲毫不為過。

地球出現之後，地球上的元素同樣在力的影響下不斷發生作用和迭代，最終形成了我們認知中的世間萬物。

以人類的進化鏈爲例，最開始我們只是原始湯[1]中一個大分子，透過不斷地組合、作用，變成了水中的魚、青蛙，此後登上陸地變成老鼠、原始哺乳動物，然後才變成課本上記載的猿類，最終變成人。

這樣一個漫長的過程，其中有三條至關重要的規律：遺傳、變異和選擇，它們共同作用讓我們從一個大分子奇蹟般地變成一個人，規律的數量也完美符合複雜體系生存的基礎條件。

如果我們把視野從人類進化史聚焦到某一個具體的人身上，那麼以上三條規律的作用就不再明顯，這時候生物態中最核心的一個演算法——自我引用，開始展現

1. 一九二〇年代科學家提出的一種理論，認為在四十五億年前地球的海洋中產生了存在有機分子的「原始湯」。

其影響力。

每個人的成長都有其獨特和不可複製的特性，換句話說，我們從來都不會按照某個「範本」成長。而且在人的本性中，我們是抗拒他人給予的人生規畫的。以學習爲例，很多大學生只是在考試之前拚命學習知識，但在考試之後卻迅速將知識忘掉，進入職場之後更是把所學全部還給了老師，這其實就是一種對他人「安排」的反擊，當然這也會導致一個結果：沒有任何堅實的知識積累，究其根本原因便在於不會自我引用。

同樣是學習，在眞正進入工作環境，接觸新的知識之後，我們天天都會有新的收穫。兩種結果的區別就是自我引用，在工作中學習到的知識幾乎每天都會重複使用，而且第二天在第一天的基礎上更進一層，如此循環往復，實現不斷成長。

從維持穩定到尋找亮點

機械態的特點就是前後具備因果關係，整個邏輯鏈存在很強的耦合關係。因此，當我們試圖維持某一個機械態系統的穩定性時，最重要的方法就是根據前後關係找到破壞穩定的那個環節，加以修補。

比如當我們的汽車突然間無法正常行駛了，那麼一定是因爲某個零件壞了，最有效的方法就是不斷地找錯，替換其中有問題的部分。再比如某一個電腦程式無法運行了，很大的可能就是出現了程式錯誤，我們只需要在程式設計軟體中定位到邏輯錯誤的程式碼，改正即可。

然而，在處理複雜體系，即生物態系統時，不斷試錯、找錯的方式便不再適用。以人的成長爲例，其實人的一輩子一直就是在不停地尋找bug，然後不斷地改正。可即便如此，他人依舊能從我們身上挑出許多毛病，有的毛病可能我們終生也難以改正，有的毛病則是全新的。

之所以出現問題層出不窮的狀況，是因爲當我們爲了解決某個問題找到了一個方法時，大多數情況下會導致更大、更麻煩的問題。爲此，我們就需要再找一個更大的方法，由此陷入惡性循環，引發更多矛盾和問題。

忽視問題，放大優點

大家可能也注意到了一個現象，即現在很多人活得越來越累、越來越辛苦，根本原因就在於他們太過糾結於解決問題。在這部分人的認知裡，生活就是一個簡單體系，只要能夠修補好發現的錯誤，人生就會變得很美好。然而，我已經強調過了，人生是一項帶有生命力的內容，屬於複雜體系，從來都沒有既定的軌道，也沒有標準答案讓我們參照著去修補。

反觀那些生活得十分愜意的人，他們的特點是不把問題視爲問題，而是從自身出發，提升自己的生活層次，走向另一個優勢方向，這時候問題已經不會影響他們的生活了。也就是說，問題依舊存在，但它已經不再重要。這是一種十分有意思且值得借鑑的解決問題方法和思路。

我在央視工作期間，第一次參加主持人服裝培訓的時候，我們的服裝顧問說了一句讓我至今都記憶猶新的話。他說，一個人穿衣服最重要的原則不是去遮掩自己的缺點，而是要放大自己的優點。

這句話說明白了一個特別樸實的道理：缺點就如同人生中遇到的問題一樣，透過衣服遮掩身材的缺點，只不過是一種我們認爲有效的解決方法，但是他人依舊能看到這個缺點，這樣反而顯得欲蓋彌彰。反過來，當我們降低缺點或問題在自己心中的分量，轉而充分凸顯自身的優點，他人的關注點就會從缺點轉向優點。從某種角度來說，問題就已經被解決了。

「忽視問題，放大優點」，不僅是解決個人問題的有效方法，全體生物的進化史其實也證明了這一方法的優越性。根據達爾文的進化理論，生物發展史的特點可以總結爲八個字——「物競天擇，優勝劣汰」，那些在進化、變異的過程中出現問題的生物，最終都會因爲無法適應環境而遭淘汰。生命體系沒有試圖「改造」不良基因，它的重點是保留優良基因，也就是「忽視問題，放大優點」。

同樣是以人類的進化史爲例。大家可能不知道，在遠古的地球上曾經存在過多種人類，比如直立人（北京周口店的「北京人」）、尼安德塔人、智人（我們）。不同於如今按照膚色或其他標準區分的人，他們是物種進化過程中演化出的人類。他們之所以被當今世界遺忘，原因很簡單：這些人類滅絕了，除了化石和相關文獻，他們已經消失在歷史的長河之中。

對現存的智人來說，其他人類的消失或多或少有些戚戚然，但是對於整個自然界、對於地球、對於極其縹緲的「天道」，物種的新生與滅絕不過是「忽視問題，放大優點」的必然結果，根本沒有感時傷懷的必要。《荀子．天論》中有這樣一句話：「天行有常，不爲堯存，不爲桀亡」，講的就是這樣的道理。

以柔克剛

自然界不會爲了優秀的基因而強行干預物種的演化過程，只要遵循生物態思想，最終得到的就會是一個擁有強大生命力、可以生生不息的成長體系。

再說回商業環境，一家企業的理想生長狀態就應該靠近自然界規律，以「亮點」引導公司發展，而不是從最初便致力於成爲一家機械態公司。如果我們任由機械態思維在企業內部擴散，比如公司發展到一定程度後就開始「認死理」，不會隨趨勢的改變而變通，那麼最後的結果往往是事與願違。

一個比較典型的案例就是諾基亞。諾基亞最初是一家從事木材業的公司，如果它最初的願景是成爲全世界最大的木材供應商，也是有很大機率成功的。但是隨著時代的發展進步，諾基亞抓住了行動通訊工具的機會，公司的重心也隨之發生了改變，完成了緊貼時代脈搏的轉型。

公司的形態歸根到底體現的是領導者的思維形態。一家機械態的企業，其領導者必然是機械態思維的人。一般而言，他們的生活會因爲各種極其剛性的目標變得特別糟糕，進而影響到公司的發展。從這個角度來說，不管是個人的生活還是公司的發展，我們都需要柔性的生物態的思維和智慧。我可以給大家舉兩個對比案例，一個是李白，他代表了機械態的剛性思維；另一個是蘇軾，他代表了生物態的柔性思維。

我閱讀過很多關於李白人生軌跡的傳記，也進行過仔細的思考，最終得出一個結論：李白最大的問題在於，他過早給自己的人生制定了框架，或者說目標——封侯拜相，想成爲影響人類歷史進程、留名青史的人。這是一個十分典型的剛性目標，所以他一生都在爲這個目標奔波，過得十分坎坷。

相較於從政治國，李白作詩的天賦更爲顯著，大家更熟悉的也是他的詩歌作品，而非遠大的抱負。但是詩歌領域的偉大成就並不能彌補他在政治領域的失意，傳唱了千年的「仰天大笑出門去，我輩豈是蓬蒿人」，也不過是他聊以自慰的驕傲。李白曾評價自己是一個「文丐」，即賣文爲生的乞丐，足以證明其鬱鬱不得志的糾結與難過。最終，一代「詩仙」的人生在目標與現實的巨大落差中遺憾落幕。

反觀文學成就同樣出類拔萃的蘇軾，他從來沒有給自己下定義要成爲怎樣的一個人。正是因爲這種不設限的思維，反而使得蘇軾在詩、詞、散文、書、畫等多個方面取得了超高成就，同時在政治領域也獲得了「文忠」的謚號。原因在於，蘇軾更多的是跟著生命的軌跡走，而非嘗試扭轉命運。他不斷地尋找人生中的亮點，反過來再用亮點主導人生。

沒有限制，人生才有無限可能。當然，我也需要強調一點，案例中提到的目標、框架、限制，展現的都是機械態思維中的含意，即一成不變、不願改變的目標。反過來說，任何一家公司都需要目標或框架，但是要用生物態的思維去理解和制定，其實這就是一種發展方向。我們在經營一家企業時，如果沒有方向，發展也就無從談起。

人的成長與企業的發展一樣，一定會遇到各種各樣的bug。使用何種方法和態度去對待bug，是制定剛性方案解決它，還是「忽視問題，放大優點」，以亮點引導發展，對企業而言就顯得尤爲重要了。

讓組織實現「冪次法則」

在生物態的典型特徵中，極其重要的一個原則就是自我引用，這是造就冪次法則（如【圖2-1】所示）最本質的原因。

有蟄伏期的堅持，才有騰飛期的轉折

冪次法則最顯著的一個體現就是摩爾定律：每隔十八個月，晶片產品積體電路上可以容納的電晶體數目便會增加一倍。如果相關技術不出現瓶頸，晶片的製程工藝就會由如今的幾十奈米縮小到兩奈米的級別，性能也會大幅度提升。

晶片之所以能夠按照冪次法則實現如此跳躍式的發展，根本原因就在於它成熟地運用了自我引用原理。當我們研發出第一代晶片後，第二代產品就能以此爲參照進行性能提升，第三代產品再以第二代晶片爲基礎進一步研發、提升。總結來說就是，上一階段的發展成果是本階段發展的起點，這是冪次法則最本質的核心。

矽谷創投教父、PayPal 創辦人彼得．提爾在他的著作《從0到1：打開世界運作的未知祕密，在意想不到之處發現價值》中向我們傳達了一個概念就是，絕大部分普通人對這個世界都有一個想當然的誤解：世界是常態分布的。所以大家一定要記住【圖 2-1】，並且要深入地思考，因爲其中蘊含著宇宙的大量祕密，比如世界是冪次分布的。

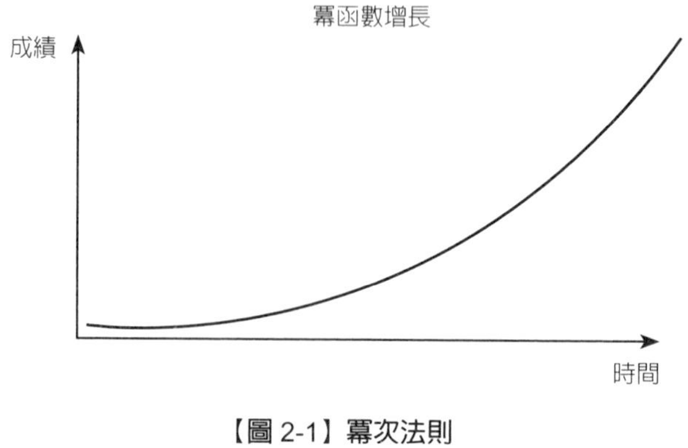

【圖 2-1】冪次法則

冪次分布有一個十分重要的特點，同時也是生物態組織的一大特點，但是在它們發跡之初，我們很難注意到。即使發現了它們的存在，也很少有人能夠捕捉到其價值。而等它們大放異彩的時候，我們就已經跟不上它們的發展節奏了。人類歷史上有很多這樣的案例，比如弓和弩。

有研究資料表明，秦朝之所以能夠消滅六國實現統一，有一個很重要的原因就是他們招攬了大量墨家人士，比如江湖上的俠客。這些人爲秦國帶來的最大改變在於教會了秦人使用弩。

在當時的時代背景下，各國的武裝力量多以弓爲主，沒有人在意弩的存在。因爲以春秋戰國時期的工藝來說，弓的有效射程比弩要遠很多。而且在訓練有素的戰士手中，弓比弩更精準，威力也更強，所以弩難以取代弓在軍隊中的位置。

但是秦國注意到了弩做爲進攻武器時具備弓所沒有的一個優點：易用性，也就是說，即便一個沒有經過任何軍事訓練的普通人，也能用弩輕易地消滅敵人。由此，秦國因爲弩的易用性，輕輕鬆鬆地比其他國家多出了很多具備強大殺傷力的部隊，爲完成秦的統一大業奠定了強大的武力基礎。

正是弩和弓之間看起來十分細微的區別改變了整個歷史的進程，其本質就是弩價值的冪次呈現。同樣是武器，火槍從發明到興盛的過程更加清晰地體現出了冪次法則對人類、對世界的改變。由美國哲學學會會員、美國文理科學院院士劉易士·孟福德撰寫的《技術與文明》一書對這一進程進行過介紹。

古代軍隊有兩項極其重要的基礎力量：武士和武器。其中武士可以理解爲如今的常備軍隊，普通人是沒有資格參加戰爭的。武器則是冷兵器，比如刀、槍、弓箭等。

因爲受到技術和時代認知的局限，火槍在最初被發明出來的時候，並沒有獲得大家的認可和重視。在軍隊武士的認知裡，火槍不僅模樣古怪，而且還無法在陰雨天氣使用，完全是一件雞肋武器。更關鍵的是，它不符合武士精神。相較於火槍，已經經過時間和殘酷戰爭驗證的冷兵器才是戰爭對抗的首選。

然而，隨著科技的進步，火槍迅速更新迭代，等到西方帶著更先進的火槍大炮野蠻地打開清朝國門的時候，我們才真正意識到火藥可怕的威力。資料顯示，其實清朝也擁有大量先進的熱武器，只是沒有得到清政府的重視和應用，最終落得一個喪權辱國的可悲下場。

符合冪次法則的事物往往會以「突如其來」的形象展現在世人面前，但當我們深究其發展歷程時便會發現，原來它已經經過了很長時間的積累。出現在我們面前時，只不過是積累完成後自然而然的一個結果，比如案例中的火槍大炮，再比如當今社會中的各路網紅。

很多人都認爲網紅是一夜成名的，靠的完全是運氣，其實不然。以我個人爲例，在成爲網紅之前，我一直在小範圍內讀書，寫讀書筆記，這是一個醞釀、積累能量的階段。直到技術成熟，我開始使用影片、音訊的方式大範圍、低時延地傳播，這一階段就是冪次法則圖形中曲線開始上揚的開始。冪次法則之所以符合生物態思維，就在於它從蟄伏到騰飛的過程符合生物發展規律。

用情感催生冪次曲線

利用冪次法則實現人生或企業轉折的關鍵在於前期的積累與蟄伏。我曾聽很多人抱怨自己的人生平平無奇，毫無起伏，認爲自己一輩子都會如此渾渾噩噩地度過。可是當深入溝通後我發現，他們中的大部分人都不懂得堅持，哪怕只是遇到短期的挫折，也會因爲感到絕望而放棄。正如大家都很熟悉的那個挖井的故事，如果每次挖掘都是淺嘗輒止，這樣的人怎麼可能挖到水呢？最終留下的只有滿地的坑。由此可見，堅持是成就一番事業的必備條件。

當然，在看不到希望的黑暗期，堅持也不是一件易事，它需要一種十分重要的養料：愛好。《論語．雍也》中有一句名言：「知之者不如好之者，好之者不如樂之者。」講的就是愛好的重要性。大家可以去觀察那些穿越週期的人，絕大多數都是對自己的事業充滿熱情的人。比如劉慈欣寫《三體》，如果有人試圖以任何理由去說服他放棄，肯定都無法成功。

愛好對一個人的成長極其重要，它是反脆弱效果十分顯著的工具之一。以樊登讀書爲例，讀書是我的愛好，如果能把愛好發展成事業，即把樊登讀書做成功，那麼自然是人生一大美事。當然，如果失敗了，我也能夠坦然接受。

把愛好視爲事業，做到極致便是我們十分推崇的職人精神。關於職人精神，我給大家推薦一部由大衛．賈柏拍攝的紀錄片《壽司之神》，講述的是「壽司第一人」小野二郎終其一生追求完美壽司的歷程。這位老人一輩子都在勤勤懇懇、認認眞眞地做讓自己滿意的壽司，或許是因爲投入了太多的感情，就連客人在吃壽司的時候不認眞、順序錯了，小野二郎也會很生氣地訓斥他們。

> 我曾和一個朋友去過小野二郎的店，因爲知道他的脾氣，所以上餐後我緊張得連話都不敢說。朋友跟我說：這個壽司是有呼吸的，所以會上下浮

動，你得等章魚的呼吸下去的時候再吃。

這些人之所以能夠成爲匠人，具備職人精神，核心原因就在於他們沉浸其中，樂在其中。這種精神和態度如果應用到行銷、產品、技術等公司的各個經營環節中，不僅效率會大幅度提升，品質也一定有保證。對個人來說，如果能夠具備這種精神和態度，進步的速度也是最快的。反過來，如果只是抱著完成考核目標，或者迎合老闆的評價等目的，必然無法全身心地投入其中，也很難做出讓他人眼前一亮的成就。

如果我們更進一步地思考職人精神，會發現它其實也是符合冪次法則的。匠人對自己的作品投入了大量的感情，也擔負著很大的責任。也就是說，如果一件作品無法讓他們自己滿意，那麼一定不會出現在大家面前。換言之，這些大師會經歷十分漫長的能力、經驗和情感的積累過程，當量變引發質變，就是騰飛的轉折。

人生如此，一家生物態企業也是如此。但企業與人的不同之處在於，前者需要一個大前提，那就是在市場競爭中存活下來，而最有效的方法就是反脆弱。相信大家都能觀察到一個現象，很多網路業的公司興起得快，衰敗得也快，原因就在於它們很多都是在賭，賭自己的運氣能夠契合市場變化趨勢。但誰都明白，這種模式是極其脆弱的，稍遇風雨就很可能會前功盡棄。

在這種脆弱的基礎上，任何生物態模式都無法健康生長。相對的，一個健康的生物態企業的基礎應當充滿情感和可能性，如此才能反脆弱，進而實現冪次成長。

日本有一家網紅書店，名爲蔦屋書店，創始人增田宗昭就是一位充滿情感和各種可能性的人。他在新開每家分店之前，都會在目標地段進行深入的實地調查，但是他的調查方式卻十分「不專業」。增田宗昭不會蒐集冷冰冰的資料，而是會展開情景式的想像。比如想像自己是附近一個剛剛放學的小學生，路過此處時會希望看到一家什麼樣的商店；再比如想像自己是一位享受退休生活的老人，會希望此處有一家什麼樣的商店。以此類推，他會把自己帶入每一個路過此處的人的形象之中，盡可能去發掘他們的情感和喜好。

人是一種情感動物，對方付出真情實感，我們肯定能夠感受到，反過來也會對對方產生好感。這就是蔦屋書店大受好評最主要的原因。

至此，我們可以總結出一家生物態企業的三個典型特徵：第一，不斷地自我引用，也就是合理利用已有的經驗，在經驗的基礎上更上一層樓。第二，穿越週期，它是企業生存的前提，沒有生存，其他的都是空談。第三，反脆弱，穿越週期依靠的就是反脆弱，而反脆弱的一大重點就是投入感情，讓自己，也帶領著客戶一起沉浸其中，共同推動幕次曲線。

生物態組織發展需要好的模因

所謂模因（又稱迷因），就是模式基因。它對一個組織的作用就如同基因對人的作用，從這個角度來說，人是基因的產物，組織則是模因的產物。擁有好模因的組織將會不斷壯大，反之則會在市場競爭中不斷萎縮，直至消亡。

好模型是所有可能性的前提

大家都知道，人類科學的終極命題之一就是解開遺傳基因的祕密，如此就能掌握所有與生命有關的資訊，比如各種疑難雜症，再比如生老病死。人類的遺傳訊息幾乎都存在於細胞核內染色體的基因中，人與人之間的區別，本質上就是基因不同的排列組合形式造成的。換句話說，基因決定了一個人的所有特徵；同理，模因則決定了一個組織所有的可能。

從生物學的角度來說，基因是無意識的，它不會根據生物體的需要專門組合成優良的遺傳訊息。

地蜂與大家所熟知的把巢穴建在高處的其他蜂類不同，牠們的巢穴大都在地底，這也是牠們名字的由來。地蜂有一個奇怪的特點，就是每次捕捉到食物，帶回巢穴餵養幼蜂時，總是會把食物先放在洞口，再進入巢穴之中檢查一遍，之後才會把食物拖進去。這對地蜂來說似乎是一套固定的必須完成動作。

對此，有位生物學家感到十分好奇，於是做了一個實驗：當地蜂把食物放到洞口，進入巢穴檢查之時，生物學家便把食物拿走。等到地蜂出來發現食物不見了，便重新開始出去尋找食物，然後再把食物放在洞口，進入巢穴重複檢查的動作。這時候，生物學家再次把食物拿走。接下來，地蜂又開始重複剛才的一系列固定動作：外出覓食，放到洞口，進巢穴檢查……

如此循環往復做了很多遍嘗試，到最後，這位生物學家甚至都產生了疑惑：這就是生物嗎？牠看起來完全就是一個有固定程式碼邏輯的機器，否則很難解釋牠這一系列死板的行爲。

從這個看起來十分簡單的實驗中，我們可以得出一個結論：一個生物體的基因，或者一個組織當前的模因並非最佳選擇，甚至可能是一個負效率的選擇。以人類爲例，其實人類的生活中也有很多與地蜂類似的固定模式，只不過我們身處其中很難主動發覺。如果跳脫出人類的思維和視角再來觀察人類，可能也會產生如同那位生物學家一樣的疑惑。

加拿大多倫多大學應用心理學和人類發展科學榮譽退休教授奇思．史坦諾維奇在其著作《機器人叛亂》中向我們闡述了一個眞理：基因或模因存在優劣之分，它們會決定一個人或者一個組織進步或退步的行爲。

一個典型的良好模因的例子就是孔子，證據就是他的思想和他說過的話，比如「君子不以言舉人，不以人廢言」（《論語．衛靈公篇》），強調的是批判性思維；「君子和而不同，小人同而不和」（《論語．子路篇》），宣導人們尊重彼此之間的不同；「君子泰而不驕，小人驕而不泰」（《論語．子路篇》），則是指導人們加強個人修養。當我們遵循孔子的指導，身體力行踐行其理念的時候，就會慢慢地融入社會之中，和諧地與周圍的人相處，即便大家的想法不同、膚色不同、理念不同。

一個好模型會讓我們愛自己、愛他人，不斷地從周圍吸取知識和總結經驗教訓，完成實質性的進步。孔子可以稱得上是上古智慧的集大成者，以他爲起點，經過後續各個偉大先賢的加工、沉澱，最終形成了我們今天學習到的文化和傳統。

有一次我去參加世界漢學大會，採訪與會的漢學家。其間我提了一個問題：中國文化對當下這個世界最大的貢獻到底是什麼？得到的答案概括起來就是兩個字：和諧。他們解釋道，中國文化提倡的和諧是建立在彼此尊重不同的基礎之上的。

一個十分典型的案例就是猶太人。我之前講過與猶太人有關的圖書，猶太人在全世界流浪，其中也包括中國。遷移到中國的猶太人可以分爲兩部分，一部分主要聚集在河南，另一部分在上海，如今上海市中心還保留著猶太人聚集地的遺址。

在來到中國之前，不管走到哪個國家的哪一塊土地上，猶太人都會保留自己民族的特色，比如頭戴小帽子，留有大鬍子和辮子。唯獨遷移到中國的猶太人完全被同化，成爲道道地地的中國人。原因在於，中華文化具有很強的包容性，能夠接納其他文化的不同，且與之和平、和諧地共處。久而久之，這一小部分猶太人就融入了中華文化。而具有包容性的中國文化就是一個良好的、具有感染力和影響力的模因。

和諧與合作決定了模因最終的價值

中華民族的傳統文化是一種模因，組織內部的文化同樣是一種模因。我們在衡量一家公司是否與自己匹配的時候，文化是一個極其重要的評價標準。一個積極包容的文化環境會發揮強大的容納作用，同化其中所有人員，使得大家心往一處想、力往一起使，進而共同推動組織的發展和進步，而相悖的文化則很可能會拖累組織成長。

如今有很多公司在宣導狼性文化，但最終的結果卻往往是組織內部人心背離，彼此惡性競爭。因爲狼性文化提倡的是競爭和淘汰，從一個企業員工的角度來看，保證自己優勝並淘汰其他成員最有效的方法就是「我會他不會」。

相信大家上網時都看過一個段子：兩個學生在考試之前都對彼此說：「這次考試怎麼辦啊？我一點都沒複習。」結果一個人考了高分，另一個人卻不及格，因爲考高分的人偷偷學習卻沒告訴其他人。

當組織成員的腦海中充斥著競爭思想，一定會導致大量的惡性內耗，而且會導致團隊的氛圍變得十分緊張，和諧順暢的合作自然就無從談起。這並非一個追求卓越的有效途徑。

如果大家仔細觀察市場中常見的有說服力的成功案例，會發現幾乎所有的成功都來自合作，而非淘汰他人。因此，合作的能力才是職場中最重要的能力。

關於淘汰，有很多人認爲「末位淘汰」制度是生物態的，因爲它很像生物界的「優勝劣汰」。但我可以十分肯定地告訴大家，這種制度不符合生物態思維。當企業執行末位淘汰制度時，大多數情況下是以業績做爲參考指標，可是我們無法確保的一種情況是：某位成員今年的業績不理想，明年的業績就一定不理想。換句話說，企業是在否定這些員工的潛力和未來的可能性。比如說，當一個人處在冪次法則的蟄伏期時，其業績一定不會特別出眾，如果此時將這個人淘汰，那我們錯過的就是一個可能騰飛的優秀人才。

如果企業簡單化地把生物態理解爲末位淘汰，一定會導致人人自危。很多人會因此放棄做長遠的規畫和努力，只會爲了應付眼前的業績競爭，而專注於短期內能夠讓管理者看到結果的工作。長此以往，組織也就失去了成長的活力。

從市場經驗來說，之所以存在大量走不出第二曲線的公司，最大的一個原因就是這些公司沒有正確認知生物態和公司內部競爭的關係。比較常見的一種情形是，組織以KPI或財務報表當成一名員工、一個部門最終的考核標準，如此一來，所有人都會被業績綁架，組織自然得不到長期有效的發展。

相較於末位淘汰，適者生存則是符合生物態文化和模因的。其中的「適」指的是那些能夠給組織帶來活力和不同想法的新鮮血液。相對的，「不適」指的則是那些破壞組織生態、與組織的精神文化相背離的人。所以，適者生存是提高人才密度十分重要的一項制度或措施。

曾有人力資源專家做過一個有關「人才密度」的實驗。

人力資源專家找來二十個人，組成兩支十人的團隊來完成兩個相同難度級別的大型拼圖，並在其中一個團隊中安排一個「壞人」，專門負責說風涼話、搗亂，目的在破壞團隊合作。人力資源專家希望透過最終的結果來評測兩隊的用時差距，也就是效率差距。

最終這個實驗得出的結論是，只要團隊中有一個人消極怠工，整個團隊的效率與最終的業績就會出現十分明顯的下滑。原因主要有三個：

第一，給其他人樹立了錯誤的參照標竿。受到消極怠工員工的影響，團隊中其他人的自我定位很可能會出現偏差，不由自主地會想到「有一個人墊底，我就不會被淘汰」，進而在無意之中產生懈怠情緒。

第二，會消耗團隊領導者大量的管理精力。因為領導者會不斷提醒他，或者想辦法提升他的積極性，否則他就會一直搗亂，進而拖累整個團隊的工作效率。

第三，會嚴重影響組織士氣。對團隊內部的其他人來說，除非有很強的定力，否則一定會受到他人消極態度的影響，進而打擊自身的工作積極性。長此以往，整個組織的模因都會出問題。

文化是模因，各個成員也是模因，組織中的任何一個元素都可以視為一個影響組織運轉的模因。領導者最重要的工作之一就是打造、建構、挑選、梳理組織內部的模因，使它們從劣質或平庸朝著優秀轉變，協調它們之間的關係，使之平衡與和諧共處，齊心協力推動一個生物態組織的發展。

好模因的兩大特徵和三大支柱

生物態的核心是模因，我們追求的是模因不斷更新迭代、不斷進化壯大，然後引領生物態組織持續發展。那麼，打造或建構一個優秀的模因就顯得尤爲重要了。

優秀模因的兩大特徵

要解決這個問題，首先就要理解優秀模因的特徵，在我看來，這主要包括以下兩點。

①尊重常識，正視權威

中國過去有一大批十分著名的民營企業，最終都消失在市場的歷史長河中，或者局限到一個很小的領域之中，幾乎沒有了東山再起的可能。其中最直接的原因就是，這些企業充斥著機械態思維，幾乎所有的指令和經營動作體現的都是領導的意識。以權威爲指導，會導致組織內部形成一個內捲化的模因，它明顯是一個非良性的模因，並不符合時代和生物態組織的需求。

權威是剛性的，它會使人陷入盲目，進而忽略對局勢和形勢的判斷，得出的結論自然也是片面、不準確的，基於這樣的結論做出的決斷很可能會帶領組織走向滅亡。更爲合理的做法是尊重常識，比如尊重市場環境、時代大局勢、基礎科學等，允許大家理性自主地思考、判斷，群策群力才能打造一個柔性的生物態組織。

著名冷戰史學家和大戰略研究家，被《紐約時報》稱爲「冷戰史學泰斗」的約翰·路易斯·蓋迪斯寫過一本書，名爲《大戰略》。在作者看來，伊莉莎白、林肯等偉大人物之所以能夠不犯大錯誤，取得令人仰慕的成就，很重要的一個原因就是他們足夠尊重常識。除此之外，如果大家對拿破崙有過深入的了解和研究，就能更加明白柔性常識與剛性權威對一個組織產生的天壤之別影響。

拿破崙是一個極愛讀書的人，在軍校上學時，其他軍官都會在課餘時間選擇打撞球、喝啤酒，他則會獨自一人到圖書館讀書。在軍校期間，拿破崙閱讀了大量的圖書，尤其偏愛地理，甚至連對他來說「遠在天邊」的中國的地理知識，他都有所研究。

憑藉對敵國地形地勢知識的掌握，拿破崙在作戰之前就已經獲得了無形的巨大優勢。以對義大利作戰爲例，他清楚地知道，作戰的路徑上有多少個穀倉和磨坊，得生產多少米麵才能供給部隊進軍所需。同樣的，他對自己的部隊有多少人、有多少武器裝備也是一清二楚。知彼知己，百戰不殆。所以拿破崙的軍隊成功攻克了諸多敵對國家的防守線，建立了一個強盛的帝國。

但是在加冕稱帝之後，拿破崙的野心急劇膨脹，他覺得整個歐洲大陸都應該臣服在自己腳下，於是不顧親信的勸阻，也忽視了在冰天雪地中不利於己方作戰的客觀事實，做出了進攻俄國的決定。野心膨脹下的拿破崙已經不再尊重常識和知識，信心滿滿地認爲冬天之前一定能拿下莫斯科，但最終慘敗而歸。

人們常說「前事不忘，後事之師」，可我們如今還是能看到許多企業在經歷了短暫的輝煌之後，終歸於長久的沉寂，原因就是在追逐成就的過程中失去了初心，忘掉了最初的謙虛和對常識、知識的尊重。

拿破崙一生的經歷和諸多現實市場中的案例，都是對我們很重要的警醒。當保持謙遜和對常識足夠尊重時，企業更容易取得成就。面對成就，我們可以慶祝，但不能過早地給自己定性，否則很可能會被這個快速變化的時代所淘汰。

在正常世界中，常識可以沿用很多年，所以才會出現「一招鮮吃遍天」「鐵飯碗」等現象。拿破崙早年間學習到的地理常識和戰術理解，大都針對的是氣候溫和的歐洲，但是不適用於「瘋狂世界」狀態中天寒地凍的俄國大陸。當局勢和時代不斷顛覆時，對常識最大的尊重就是緊跟變化，持續獲取新的知識和理解，做出全新、符合時代需求的判斷。這也是反脆弱的一種體現。

從生物態的角度來說，它同樣要求我們不斷完成自我顛覆，如此才能保證模因健康持久的生長活力和更大的包容性。

② 變化才是常態

《禮記．大學》教導過我們一個爲人處世的道理：「苟日新，日日新，又日新。」這要求我們勤於自省，隨機應變地更新思維和認知，也就是保持一個柔性變化的生物態狀態。

史賓塞．強森曾說：「唯一不變的是變化本身。」所以變化是一種常態，而如何從正確的角度認識身邊的變化，帶領組織模因進行適宜的變革，是我們需要面臨的一大挑戰。宋朝有兩個對比鮮明的皇帝：宋徽宗和宋仁宗。當時的老百姓對宋徽宗的評價是：樣樣精通，唯獨不會做皇帝；對宋仁宗的評價是：百事不會，唯獨會做管家（管家即皇帝）。之所以會出現兩種正反對立的評價，最大的原因就是他們

二人對組織，即如何領導國家的理解不同。

宋徽宗即位之後，完全忽視了國內局勢的變化，生硬地照搬照抄了父親宋神宗推行的「王安石變法」中的所有內容，大舉打壓反對變法一派的元祐黨人（司馬光、蘇東坡等）。後又因爲追求享樂，制定花石綱（中國古代一種特殊運輸交通的名稱，專門用來運送皇帝喜愛的奇花異石），最終造成民不聊生、民怨沸騰的局面，各地起義此起彼伏，間接導致了北宋的滅亡。

相較於宋徽宗的剛性施政，宋仁宗則柔性、「善變」很多。他最大的施政特點就是沒規矩，比如包拯可以因爲某個問題拉著他的袖子跟他爭辯。雖然他會因此大爲惱火，但也知道言官不可殺。如果包拯的意見或觀點是對的，他也會積極採用，由此保證了組織模因的變化性和活力。也因爲朝廷的包容性，所以宋仁宗時期會出現歐陽修、司馬光、范仲淹、蘇東坡、曾鞏等歷史名人。

當一個組織，即便是一個很小的團隊，如若出現了權威思想和個人崇拜等剛性死板的內容，也一定會拖累組織的發展和進步。因爲死板的內容往往意味著不易改變，這種特性是與時代發展不相融的。如果我們想要跟上外在環境的種種變化，就一定要保證組織模因的開放性、進步性和包容性，健康的模因才有助於組織完成更新迭代，進而實現冪次法則。

生物態模因的三大支柱理念

生物態組織及其核心模因都屬於典型的複雜體系，其支柱規律可以分爲三個：理念、方法論和技術，當這三個層面合理地結合起來，整個組織和我們的領導力也就可以順暢地運轉。我的《可複製的領導力》這本書，關注的是技術層面的內容，比如怎樣與他人溝通、如何使開會更有效率、更容易取得結果等。在這本書中，我會告訴你如何熟練運用理念、方法論、技術三大支柱，賦予任何一個員工、任何一個團隊、任何一個組織強大的生命力，使其自發地生長進步。

其中最核心的理念有三個：共同進化、爲人爲己、批判性思維。

①共同進化

組織需要建立一個認知，那就是：相信員工可以與公司共同進化。分解來看，公司的發展其實在很大程度上可以視爲所有員工進步的集合。如果我們將每一名員工視爲一個優秀模因，推動其進化，那麼最終也可以促使公司進化，也就達成了共同進化的目的。

②為人為己

爲人，指的是我們爲社會這個大整體工作；爲己，則是指我們爲自己工作。根據奧地利心理學家阿爾弗雷德·阿德勒在其著作《自卑與超越》中所闡述的觀點，一個人終其一生就是不停地在尋找兩樣東西，分別是歸屬感和價值感，這也是「為人為己」理念強調的兩種價值。如果我們在某個組織中無法獲得歸屬感和價值感，就一定會覺得無依無靠，進而感到恐慌。而恐慌的根本來源是我們天然的自卑感。

羅伯・狄保德在其著作《蛤蟆先生去看心理醫生》中虛構了一個故事：蒼鷺先生是個心理諮商師，在為蛤蟆先生做心理諮詢時讓後者想像一個空間，這個空間中只有蛤蟆先生和他的父母，蒼鷺先生問他此時會對父母產生怎樣的感受。

這個故事的意義在於，它指導我們思考父母對孩子產生的潛在、不易察覺的影響。當父母在孩子面前表露出消極的一面時，比如生氣、吼罵、挑剔、指摘等行為，會導致孩子的行為隨之產生扭曲和調整，這叫做「適應型兒童狀態」，同時也是天生自卑感的起點。這種自卑感幾乎是無法避免的，因為人類在剛來到這個世界時是極其弱小的，並且在之後很長一段時間裡都屬於家庭關係中的弱勢一方，需要被保護、被認可。有心理學家研究過，成人的行爲，比如鍛鍊強健的肌肉、表現得強勢或努力掙很多錢，在一定程度上就是爲了克服自己內心的軟弱，解決天生的自卑感。

然而，這些方法的效果並不是很顯著，我們總會碰見更強壯、更強勢、更富有的人，這就很難從根源上解決強弱對比帶來的自卑感。因此，最有效的方法不在於比他人更強大，而是融入社會。阿德勒在書中寫道，我們只有把個人價值與社會價值融爲一體，才能眞正獲得內心的平靜。也就是說，當我們在一份工作中收穫個人價值時，也應當思考這些價值最終能爲社會帶來哪些改變。孔子強調的「智、仁、勇」三德，即「知者不惑，仁者不憂，勇者不懼」（《論語·子罕篇》），其核心也是如此。

③ 批判性思維

批判性思維可以讓我們盡可能公平公正地對待身邊的人與事，不會過度地維護與自己有利益關係的組織，也就避免了部落效應。

一個很典型的案例就是網飛。網飛有一條特別耐人尋味的準則，即部門資金或個人獎金會全額發放，從來不會設置任何考核標準。按照業界大部分組織的共識來說，比如給某位員工一百萬美元的年薪，一般都會以業績做爲考核指標，並以「考核＋提成」的方式發放，認爲這樣才會發揮激勵員工的作用。但在網飛，只要員工不離職，一百萬美元的年薪就一定會給員工。

很多人對此都無法理解，甚至產生疑惑：如果員工拿到錢不努力工作怎麼辦？其實他們嚴重低估一個優秀模因：一個優秀生物態人才的上進心和追求。網飛之所以敢給某位員工高薪，是因爲他們具備同等的價值和潛力，如此出色的人才也不會甘於當前的成就和報酬。對他們來說，宏大的目標和成就遠比金錢更有吸引力。

在網飛的理解中，階梯式提成的薪資方式會因爲難以達到絕對的公平而導致人與人之間產生間隙，進而形成部門孤島，造成嚴重的部落效應。這是網飛不願意見到的。孔子所講的「放於利而行，多怨」（《論語・里仁篇》），簡單理解就是：如果依據個人的利益去做事，會招致很多怨恨）一針見血地指出了問題的關鍵，而有怨氣的隊伍是絕對不可能獲得勝利的。網飛放棄「考核＋提成」的方式，直接給予高薪，直接打消了員工在薪酬考核方面的計算和攀比，也就從根源避免了因爲利益不均而可能產生的部落效應。

大家以一個求職者的角度設想一個場景：擺在你面前的一共有兩份 offer（錄用通知），一份 offer 的薪資是一個月兩萬元，完成考核目標後，年終獎金三十萬元；另一份 offer 的薪資則是一個月五萬元。正常情況下，肯定是選擇第二份 offer 的人居多。

轉變爲企業的視角再去看待這個假設，雖然前一種薪資成本較低，但很大程度上會讓公司招到的人從「優秀」變爲「湊合」。很多企業都抱著一種試試看的心態去招人，自然不願意多付出成本。但如果計算員工從「湊合」到獨當一面的「優秀」之間，企業爲之付出的時間和精力成本，無疑遠高於第二份 offer 中的付出。

組織中優秀的模因，就如同生物體中優秀的基因，它們使得組織更具市場競爭力和戰鬥力。換個角度來說，模因也如同一塊塊積木，是否能夠搭建出優美的建築，完全依賴於我們的架構能力。比如一個優秀的人才，並不是進入組織內就一定能發光發熱，是否與團隊和諧相處、合作，是否可以保證才與位的匹配，都是一個人才最終能夠體現出的價值。因此歸根到底，模因的優秀與否還取決於我們是否能夠搭建生物態環境，是否能夠擁有眞正理解、正確運用模因的才能，而其中的關鍵就在於模因的兩大特徵和三大支柱。

第三章 打造生物態組織的五大方法論

方法論是前事的經驗總結，也是當下的指路明燈。五大方法論將會從目標、能力、思維、經營方式等方面幫助管理者向生物態思維轉變，更能迎接未來的市場競爭。

十倍好

所謂「十倍好」，並非制定一個十倍好於現階段結果的目標，而是一個自我促進的方法論。比如我們在執行某項工作時，如果站在「如何使業績增長二〇%」的角度去思考，那麼得出的結論一定是不斷加班和努力。當然，加班和努力會帶來業績的增長，但這種增長大多是量變，是低品質的增長。「十倍好」強調的是，我們不拘泥於這件事情本身，而是回歸它的本質，重新創造出一個更高效率的方法取代它，甚至開創出第二曲線。

最典型的案例就是傳統購物與電商購物的對比。以前購買任何物品都需要去商店，而電商可以讓消費者足不出戶就完成購物的動作。再來就是叫計程車。以前要在風雨中招手叫計程車，現在可以用滴滴出行這樣的應用軟體叫車。能夠為我們的生活帶來顛覆性的變革，讓消費者感覺更舒服、更方便，這就叫做「十倍好」。樊登讀書同樣是一個「十倍好」的產品。生活中有一個很有趣的現象：很多人喜歡買書，但總是出於這樣或那樣的原因將其束之高閣，書也就失去了價值。因此，我們提供這個產品的初衷是讓大家聽一本書，在幾十分鐘內掌握書中的一些知識，並能應用在家庭裡、事業裡，讓別人也發生改變。

綜上所述，「十倍好」強調的不是某個具體的實踐標準，比如業績、效率等，而是一種顛覆式的概念，是一個從〇到一的過程。但是在每天的實際工作中，員工大多數時候會被奇奇怪怪的各種小工作包圍，形成慣性思維，思考的能力也會大幅度降低。慣性思維和「十倍好」思維是一對天敵。

消除慣性思維，做到十倍好

慣性是當大家都在用同一種方式做一件事情時，我們也會不自主地使用同一種方式做事。比如在網路創業熱潮之後，最後只留下一片狼藉，根本原因就在於受到了慣性思維的影響，不是「十倍好」地去開創新方法，而是所有人都參照他人的創業模式，形成了千人一面的形式，那麼後來者的落敗就是自然而然的事情了。和大家分享一個案例。

我曾經和一個很有名的創業者一起創立了一家公司，當時我看他每天都在打電話，不是在談融資，就是在引進人才，很少在公司和同事進行有效的溝通。最終的結果就是沒有一件事順利地運轉起來，他本人也因此每天都非常焦慮。

後來我就打斷了他「打電話」的事業，邀請他和我進行一次深入的交流。我問他，你每天這麼忙地打電話，又花這麼多錢在幹什麼？最關鍵的是，效率沒有因此顯著提升。我提議他換一種操作方法，他用特別奇怪的眼神看著我，說大家都這樣，所有的新創公司走的都是這樣的道路，行業規則就是如此。

慣性思維最大的危害之處在於，它在不知不覺間讓人放棄了獨立思考的能力，成爲一個盲從忙碌的人，就像一隻無頭蒼蠅一樣，等忙碌了一個階段再回頭看，卻是一事無成。從這個角度來看，堅持「十倍好」理念其實很簡單，只要我們保持獨立思考，揭開一件事情已經被人們複雜化的層層面紗，避免陷入社會和人群形成的慣性法則中，回歸常識，找尋事情最原本的樣子，碰觸到它的本質，我們就會發現，事情變得非常簡單。

我和大家分享一些最初設計樊登讀書專案時的想法。樊登讀書應該算是知識付費最早的玩家，所以當時根本沒有可供參考的範本，當然我們也沒有想過走別人的老路。我想得很簡單，就是認爲讓一個社群的人在一起讀書，是一件有意義、有價值的事情。而之所以決定錄影片，是因爲這樣的想法最接近消費者的本質需求，能夠被大家理解。此後，樊登讀書開始發展代理商，給他們看影片，看完影片後，代理商如我們所願接受了這一模式，然後開始推銷這個產品。

觸摸問題的本質是「十倍好」的一大前提

「尋找用戶本質需求」的理念與伊隆・馬斯克一直在講的第一性原理很相似，都是回歸事物的最基本條件，將其拆分成各種要素進行解構分析，進而找到實現目標最優解決路徑的方法。我們要以最基礎、已經無法再改變的內容做爲出發點，眞正能實現「十倍好」的事物，一定是能回歸到第一性的事物。

伊隆・馬斯克製造可回收火箭這件事，大家應該都知道。關於這個計畫最初的設想，他只是按照大學物理學課本上最基本的公式計算結果：計算火箭的重量、需要多少能量、飛行多少距離可以返航等。由這些看起來十分粗糙的結果，他得出一個結論：做可回收火箭是可行的，然後就實際實施這個專案了。

該專案的「第一性原理」就是符合大學物理課本上最基本的公式，也是他所需要的全部，所以伊隆・馬斯克從不去參觀NASA（美國國家航空暨太空總署）。他堅持認爲，如果去參觀了，造的火箭就肯定和傳統火箭一樣，沒有任何意義。

伊隆．馬斯克還有很多遵循第一性原理的事情，比如他能夠接受工程師花兩萬美元開一場豪華晚會，卻絕對不會花錢給工程師買任何一個傳統的火箭零件。他在意的不是錢財，而是他寧願花更多的錢從頭製造一個全新的零件，也不想使用以前就被證明了不可行的東西。最後他不但成功了，還爲火箭發射節省了更大的資金成本。

古話說：「前事不忘，後事之師」，其實這是有一個前提條件的，那就是我們要保持獨立思考能力和開創性思維，否則「前事」的經驗會讓我們陷入循規蹈矩中，無法進行更好的創新，更不用提做出「十倍好」的事物。因此，我們在做任何事情的時候，都應當讓自己獨立於事外，保持清醒且創新的認知，如此才能眞正做到「十倍好」。

當然，並不是要求大家時時刻刻想著把每一件事都做到「十倍好」，那樣只會讓大腦超負荷，陷入一片空白，而是要讓大家在腦子裡搭上這根思考的琴弦，要知道有這個理念。如果我們根本沒有「十倍好」這個思想，就會不知不覺地陷入慣性中而不自知，最後變成一個平庸的人。

當大腦中搭上了「十倍好」這根琴弦後，我們可能就會在大腦放空時，或者在任何時候不自主地撥動這根琴弦，進而迸發出創造奇蹟的奇思妙想。很多人類歷史上的偉大發明都是大腦靈光乍現的結果。

愛因斯坦發現「廣義相對論」就來自思想的一次靈光乍現。愛因斯坦當時在書房，看到對面有人在修理一棟房子的屋頂，那個人滑了一跤差點摔倒。愛因斯坦看到後突然產生一個自己都感到震驚的想法——如果一個人自由下落，他將不會感受到自己的重量。這就是「廣義相對論」最初的想法，愛因斯坦稱其爲「我一生中最幸福的思想」。

所以，只要我們具備「十倍好」的思想，就可能在任何時間、任何地點想到一個能重構原有生活的更好的新想法。

教育業裡同樣存在著很多「十倍好」的機會。在傳統的認知裡，孩子一定要去學校上學，從來沒人考慮孩子喜不喜歡天天去學習。但受新冠肺炎疫情的影響，學生開始在家裡上網課，上課形式的改變讓我們注意到一個矛盾點：老師的教學時間與學生的學習意願無法一直完美匹配，也就是上課時間是固定的，但在這個固定的時間裡，學生並不一定總是有學習的意願。

而且實體上課時，老師也沒有精力顧及每一個孩子，這就造成了班裡孩子的成績偏差。相對的，網路上課則具有很強的適應性和包容性，只需要家長教會孩子上網，讓他們能每天完成自己的作業，由孩子自己選擇學習的時間。結果發現孩子的成績都有了一定程度的提升，這就是一個「十倍好」的改變。

我曾經講過一本名爲《預備教育的未來》的書，它的作者是美國新型教育理念的開拓者黛安．塔文納。塔文納因爲對當時美國的高中教育體制不滿，在二〇〇二年創辦了頂峰高中。結果，開學第一天合夥人就要退出，合夥人來找她說：「妳這招來的都是什麼學生啊，妳知不知道想辦好學校最重要的就是選人。」當時美國高中的制度都是要進行面試的，不僅學生的素質要優良，連父母、家庭都要進行審核，相當嚴格。

但塔文納完全不在意學生的出身和狀況，不論是有讀寫障礙，還是毫無知識基礎，甚至是不良少年，只要學生眞心想學習，她都收。結果，就是這樣一所學校，現在成爲全美排名第一的高中，在美國各地開了十五所分校。

這所學校有一個非常有意思的特點：沒有專門的講課老師，所有的課程只是發送一封郵件給學生，郵件內容包含了由教育專家錄製的各個課程的教學影片，學生只需要在學年內學完這些課程即可。這樣一來，學得快的學生就有了課餘時間，而遇到難點時，學得慢的同學就可以多看幾遍，如果不會，還有老師專門來教。

肯定就有人想了：「那還上學幹什麼啊？在任何一個地方看影片不一樣都是看？」其實不然，這所學校其實是有老師的，只不過老師不負責教學。他們在學校的任務就是每天組織學生參加各種各樣的社會課題，培養他們的興趣愛好，讓學生在愛好中建立對學習的積極性。

比如他們會問大家：如果穿越到中世紀，你們打算帶什麼、你們如何生存下去。當學生對中世紀產生興趣後，就會自主地去學習中世紀的歷史。最後大家再透過演講的方式互相交流，加深理解和認知。頂峰高中把學生帶入某一個具體的場景中，讓學生自主地去學習，雖然同樣很累，但是效率要比照本宣科式的教學高很多，考試成績也比其他學校更好。

這就是一個非常典型的「十倍好」改變，塔文納顚覆了人們長久以來的慣性思維，爲教學帶來了更好的改變。她不認爲世界上有好學生與壞學生之分，只是有沒有找到正確的教育方式，正如孔子所說——有教無類。她回到教學的原點，即怎樣教會別人知識。

「十倍好」並非讓人簡單地在原有生活模式上追求增量，而是透過創造新的方法來完成一種跨越式的改變。「十倍好」的敵人就是我們的慣性思維。歷史上一些重大變革之所以會出現問題，根本原因就在於社會大眾的慣性思維，不願意、甚至懼怕做出改變。在任何一個組織中，傳統的模式和資源並不一定是有利的，資源很多時候會變成我們無法開拓創新的負擔，讓人深陷慣性思維的沼澤中。

破除慣性思維的辦法也很簡單，在頭腦中搭上「十倍好」的琴弦，堅持「十倍好」的創新思維，就能擁有開拓進取的心態，整個組織就會具有保持活性的基礎，我們就能夠擁有打造更具活力的生物態組織的活性大腦。

反脆弱

「反脆弱」方法論的核心思想來自兩本書——《黑天鵝效應》和《反脆弱》。這兩本書都是著名風險管理理論學者納西姆．尼可拉斯．塔雷伯的著作。反脆弱的特點是具有包容性，不過分糾結於最終的結果，能心平氣和地接受成功後的百尺竿頭更進一步，也能坦然接受另一面的功敗垂成。與反脆弱相對應的詞語是脆弱，不過我更喜歡把這個詞語叫做「剛性」。剛性的人很難以平常心去面對最終的結果，往往會孤注一擲，不成功便成仁。

正確認知「黑天鵝」

我之所以要強調「反脆弱」，是因爲生活中存在足夠多的複雜性，每時每刻都在變化中，我們並不能精準地預測每一件事情，比如《黑天鵝效應》這本書中就提及社會中種種不確定的事件。這本書告訴我們，推動歷史的力量來自「黑天鵝」，人類很多偉大的發明和重大的歷史事件都是一隻「黑天鵝」。

「黑天鵝」曾是歐洲人言談與寫作中的慣用語，用來指不可能存在的事物，但這個看似不可動搖的認知隨著澳洲第一隻黑天鵝的出現而崩潰。現在的「黑天鵝」象徵著不可預料的重大事件，它在意料之外，卻又影響巨大，能改變人們熟悉的一切事物。

蒸汽機的發明就是一件非常典型的黑天鵝事件。當蒸汽機被發明出來以後，有一大批工人組織了著名的「盧德運動」，號召大家去砸紡織機等機械。如果以現今的認知來看，大家一定會覺得可笑，竟然有人想阻擋歷史進步的大潮，但在當時的社會環境下，這件事卻是極其正常的。因爲紡織機等機械的發明，直接導致大量工人失去了工作，致使他們陷入貧困，甚至讓整個家庭在饑餓中生存。

所以蒸汽機的發明就是一隻「黑天鵝」，它的出現產生了不可預知又左右了整個歷史和人類社會發展的影響。

「黑天鵝」是一個很中性的形容詞，千萬不要認爲只要有「黑天鵝」出現，就會有糟糕透頂的事情發生。黑天鵝事件只是代表了不可預知，比如電腦、手機、5G技術的發明，都屬於「黑天鵝」事件。「黑天鵝」的出現從來不分好與壞，它只會突然出現，影響我們的生活。

「黑天鵝」事件最大的特點在於不可預知性。換言之，能透過種種跡象被預知、證明的事件都不是「黑天鵝」事件，比如透過摩爾定律，我們能在一定程度上獲知積體電路可容納電晶體的數量。但新冠肺炎疫情就是一個徹頭徹尾的「黑天鵝」事件，在大規模暴發之前，沒人能預料到它擁有如此巨大的破壞力。

受疫情影響最嚴重的產業中，餐飲業絕對首當其衝。如果站在一個餐飲業從業者的角度來看，絕望之情油然而生。但它不意味著，在「黑天鵝」事件惡性影響的衝擊下，我們只能被動地接受。避開絕望的方法其實是存在的，就是我們要想辦法站在「黑天鵝」出現時的收益端，而不是被顛覆者的一端，以萬全的準備穿越週期就能成爲受益者。

在新冠肺炎疫情期間，我和水餃連鎖店喜家德的老闆進行過一次交流。我詢問了喜家德的經營狀況。大家都知道，疫情對餐飲業造成了十分嚴重的衝擊，整體產業環境變得十分惡劣。然而，他竟然告訴我，在疫情期間，喜家德新開了一百五十多家分店。我當時很震驚，問他這是怎麼做到的。

他對我解釋，因爲疫情，店鋪的價格降低了很多，比如SKP等精品商城，在疫情前因爲過高的價格，喜家德是難以入駐的。但當時只有喜家德有現金，所以商城就主動找上他們，並主動降低了價格。喜家德能夠完成逆勢擴張最主要的原因，就是他們在商業最不景氣的時候擁有足夠的現金流。

新冠肺炎疫情期間，很多企業都沒有撐下來，究其原因就是公司沒有足夠的現金流，也就失去了反脆弱的武器，加之商業活動陷入停滯，整個企業就無法運轉經營。很多企業的誤區是只重視淨資產，有了資產就去做抵押，抵押完又去開發新專案，新專案資金不足又去借款。這個鏈條看似是一個完整的閉環，但其實是空中樓閣，稍遇風雨，整個企業就會瞬間坍塌。

俗話說：「留得青山在，不怕沒柴燒。」它告誡我們為人做事要留有餘地。對一家企業來說，現金流就是生命線，如果我們不具備這樣的反脆弱能力，也就沒有辦法穿越週期，最終結果只有沉寂。企業有足夠的現金流，才能在「黑天鵝」來臨之時，享受到它帶來的利益。

「反脆弱」的兩面：槓鈴式配置

聖人孔子也曾做過反脆弱的思考，比如「邦有道則仕，邦無道則可卷而懷之」

（《論語．衛靈公篇》）、「我則異於是，無可無不可」（《論語．微子篇》）。前者的意思是在國家政治清明時做官，在國家政治黑暗時隱退藏身。這種能力如今被稱爲「槓鈴式配置」：把資源放在槓鈴的兩端，無論槓鈴往哪一端傾斜，我都已經有所準備。反脆弱的核心就是槓鈴式配置。

因此，大家在思考人生或者公司發展時，不能形成剛性思維。我們不是萬能的人，無法保證每一件事都信手拈來、馬到成功，而應該做好完全的準備，包括接受失敗，以及失敗後的應對方法。反脆弱的處理方式，可以讓我們在做一件事情前想到不同的選擇。

當然，反脆弱不僅是一個理念、一種思維，同時還是一個人自身綜合能力的體現。我們要不斷地進步，增加自己的實力才能在「黑天鵝」出現時擁有自主選擇權，而選擇性同樣是反脆弱的核心。

不要將自己局限在某一領域，當自己被定性以後，反脆弱的能力就會消失，所以要將自己延展，讓自己包羅萬象。只有不斷地學習，讓自己獲取更多的知識、擁有更多的能力，你的選擇性才會更大，也才會變得更加強大。

以醫藥業爲例，任何一款新藥的問世，都需要前期數十億資金的投入，企業能否支撐這筆支出，以及能否承受可能的失敗帶來的影響和衝擊，就展現了企業的綜合實力。對剛穩定的新創公司來說，十個億就可能是公司全部的資產，所以創新很有可能是一件十分脆弱的事情。更爲關鍵的是，藥物研發成功的機率非常小，有很高的機率是會導致公司負債累累，甚至解散。當然，風險與利益對等時，研發成功後帶來的收益也是十分巨大的。

對醫藥業的頭部企業，比如輝瑞來說，投入十個億研發一款藥品是一件稀鬆平常的事情。即便最終研發失敗，對公司的影響也微乎其微。就輝瑞公司的規模而言，它擁有的資產允許自己做嘗試，也承受得起失敗。這就是選擇能力的體現。

所以反脆弱是一種能力，我們只有不斷地提升自己的能力，才能擁有更強的反脆弱能力。

用非對稱反脆弱

反脆弱性的另一個非常重要的核心是非對稱交易。很多人在做事時習慣於給自己施加「背水一戰」的壓力，秉持著「不成功便成仁」的理念，甚至以全部身家爲賭注。但一件事情的成功與否存在很多的先決條件，我們的努力和態度雖然十分重要，可是終究只是影響結果的因素之一。而且，孤注一擲的行爲並不會增加最終結果的價值，只會增加風險，降低收益的CP值。最關鍵的是，在這種情況下，我們失去了對失敗的承受能力，這是反脆弱所不提倡的。

非對稱交易強調的是，如果我們去做一件事情，最終不幸失敗了，付出的成本是可接受的，不會使我們一蹶不振；一旦成功，我們將獲得巨大的收益。因此，非對稱交易可以讓我們擁有反脆弱的能力。

根據塔雷伯的研究，歷史上的富人之所以能成功，不是因爲他們擁有常人所不及的智慧，而是他們抓住了非對稱交易的機會。

古希臘哲學家泰勒斯是一個非常善於使用非對稱交易的人。在古希臘，橄欖油是非常珍貴的商品，存在著巨大的利益。但由於橄欖的產量十分不穩定，所以沒有人敢去購買榨油機做橄欖油的生意。泰勒斯就抓住這個機會，購買了所有榨油機的使用權，結果第二年橄欖大豐收，他大賺了一筆。

根據柏拉圖的解釋，泰勒斯夜觀天象，認爲第二年橄欖會大豐收，所以才買了全部榨油機的使用權。但這個說法肯定不對，人類再厲害也不能準確地預知未來的事情。

泰勒斯的做法是，比如事先向榨油機廠家支付了一定額度的定金，並和店家達成承諾：如果我需要榨油機，你必須優先給我；如果我不需要機器，這筆定金就會是你的。失敗了僅僅損失定金，但如果成功，他會獲得更多的利益。

這就是非對稱交易的價值所在。

反脆弱方法論一個很重要的價值在於，它開闊了我們的視野和思路，讓我們爲一項工作思考到多種解決方式，留有更多的可變通餘地，不至於在一條道路上走到黑，導致我們陷入被動的局面。當一個組織擁有反脆弱的能力，它就可以保持更好的生態系統和更加強大的靈活性，不會因爲「黑天鵝」事件而瞬間枯死。

低風險創業

「低風險創業」的概念出自我撰寫的同名書《低風險創業》，它綜合了許多理論，其中的核心就是創業者要清楚地知道自己的專案能夠解決什麼社會問題，這是創業的起點，在某種意義上也可以視為終點。

每一家優秀的公司都有自己的祕密，有自己核心祕密的公司才能在市場中獲得利益。需要強調的是，所謂祕密絕對不是一些不能示人的骯髒東西。它不需要藏著掖著，更像是一家企業的壓箱底手段，即便原原本本地展現給其他人，別人也學不會，這是企業的核心競爭力。

北大光華管理學院客座教授黃鐵鷹撰寫過一本書，叫《海底撈你學不會》。這本書很有意思，它將海底撈的營運系統與企業文化全部展開，讀者可以「參觀」海底撈的後廚，甚至可以去挖海底撈的人才，但很少有企業能夠成功打造一個像海底撈一樣的成功團隊。所有人都知道服務是海底撈的核心，但別人就是學不會，這便是海底撈的祕密。

再比如樊登讀書。很多人認爲知識付費難做，但樊登讀書之所以能脫穎而出並發展起來，原因就在於我們公司的祕密——把書講好。它聽起來非常簡單，但從〇到一眞正做起來卻十分困難，樊登讀書在這件事上花費了大量的心血與資金。這也是爲什麼每個人都知道「把書講好」是知識付費的關鍵，卻鮮有人能實現的關鍵。也正因爲這個祕密不容易，樊登讀書才能夠賺到錢。

因此，任何一個企業的祕密都不可能是非常簡單的東西，它具備很高的市場價值。至此，創業的關鍵就變得十分清晰：如何建立有市場價值的祕密，以及如何確保它具有進一步增長的潛力。這兩個問題對應著「低風險創業」中的兩個假設：價值假設和增長假設。

第一個假設：價值假設

所謂價值假設，簡單理解就是確定我們所做的事情到底有沒有價值，其中的難點在於完成對「價值」的判斷。因爲價值判斷是一件十分主觀的事情，很有可能團隊不同的人對同一件事會產生不同的理解，因此在判斷時，我們需要把主觀標準轉化爲客觀標準，比如消費者是否願意爲之買單。

我之所以強調要把標準從「主觀」轉到「客觀」，是因爲我們在生活中，經常容易被周圍的人「欺騙」。當我們把自己做的事情告訴別人，詢問是否有意義時，總能聽到「這個事情很好」「我感覺這個東西很實用」之類的話，但其實他們根本沒有做任何的思考就給出了答覆。

而「客觀」的做法是，當我們認定某件事有價值時，以他人的意見爲參考，同時在市場中進行小規模實驗，即先用少量資源做一個可行性的產品，試探消費者的反應與態度。只有經過市場用戶的檢驗，我們才能確定「想法」是否具有大學推行的價值。總結而言，實踐是檢驗「想法」的最終標準。

我剛開始做樊登讀書時，最主要的產品就是一個電子郵件。我把講解的每一本書做成一個五千多字的內容PPT，再用電子郵件的形式發給客戶，價值三百元。雖然第一代產品看起來非常糟糕，但它驗證了價值假設，有客户願意爲了讀書交這三百元。這就意味著樊登讀書推行的形式是一件有市場價值的事情。

總有人對我說：「這兩年我看你們樊登讀書挺火的，你們發展很快啊。」其實很多人不知道的是，在此之前，我們已經「潛伏」了多年，因爲樊登讀書是一家生物態公司，需要時間慢慢長出來。我們用各種方法驗證了價值假設之後，才眞正做了樊登讀書這個專案。

很多公司在開展一個新專案時，往往會跳過「價值假設」的步驟，而是以決策委員會或關鍵人物關鍵意見的形式進行表決。這種以傳統經驗、認知指導專案的做法，無疑存在巨大風險，特別是如果該專案是企業先前沒有涉及的領域，那麼風險將會進一步增加。在這種情況下，任何人都應該重新考量收益與風險的價值關係。

但是，如果我們採用小規模實驗的方式，花少量的錢驗證專案在市場內是否可行、是不是用戶所需求的，就更能避開這種錯誤。

拼多多出現在大家的視野之前，消費者好像完全不知道這個公司都幹了什麼。其實拼多多一直在淘寶、京東根本不會注意的地方進行嘗試，實驗網路購物領域是否還有其他可以發展起來的市場。最後他們在團購上驗證了價值假設，證明了在揪團降低價格這方面還存在大量有意向的客户。然後再投入資本，做了拼多多這款軟體，異軍突起地占據了一部分網路購物市場。

低風險創業的底層邏輯是尊重事實，做到不被體系和資源綁架，也就是說，資源和體系是企業安穩發展的依仗，我們不能因爲擁有強大的後盾便在開展新專案時輕視或忽視科學性步驟，否則一定會爲之付出代價，造成不必要的浪費。因此，做任何事情之前，一定要思考清楚它是否存在價值，然後再實施眞正的行動。

第二個假設：增長假設

當我們驗證了一件事情存在價值之後，接下來就要進行增長假設驗證。如果一個專案有市場價值且有人願意埋單，卻無法擴大用戶群，沒辦法進行高效的價值增長，那麼該專案是沒有前景的。增長假設的重點就在於，我們要驗證專案是不是具備值得持續投資的潛力，能讓公司獲得長遠的、更豐厚的利益。

我剛做樊登讀書這個專案的時候，還開了實體課程，僅講課每天就有超過萬元的收入。當時就有人問我：「樊老師，你這每天講課賺的錢那麼多，爲什麼還非要做樊登讀書這個專案？」「一週要讀一本書，還要自己打五千字做ＰＰＴ，才收三百元圖什麼？」我堅持下來的原因就是：我認爲這個專案還存在著巨大的增長空間，它的未來會比實體課更輝煌。

專案後續的發展也給了我很大的信心。經過一段時間的發展，我開始意識到，透過郵件傳遞資訊的效率十分低，而且流程過於煩瑣，因此改用微信群的方式進行交流，每天在群裡用語音直播圖書的內容總結給成員。不到一個月的時間，一個群就變成了兩個。從那時我就驗證了這個專案的增長假設，且增長十分迅速。在此之後，這個專案不斷地發展，直到成長為現在的「樊登讀書」。

只有當價值假設與增長假設都驗證成功以後，一個專案或創業才有下注和投資的必要，才有成長起來的可能。「低風險創業」的最終目標只有一個，就是幫助企業培養有效、屬於自己的祕密，一個沒有自身祕密的公司是難以在殘酷的市場競爭中立足的。

最典型的案例就是共享單車領域中曾經的兩個領頭羊摩拜和ｏｆｏ，當時風光無限的兩家企業如今已經消失在人們的視野之中，要麼是被其他公司收購，成了引導流量的附屬品，要麼是深陷債務危機中。之所以會在極短的時間內發生從「寵兒」到「棄兒」的轉變，根本原因就在於共享單車業沒有祕密。

它的商業模式非常簡單，與消費者的互動也沒有任何技術含量，換言之，就是沒有技術門檻，只要有資金，任何人都能分一杯羹。最終的結果正如大家所見到的一樣，資本大量入場，市場超飽和，甚至直接變成了負荷，所有的玩家都失去了盈利空間，導致市場崩盤。

一個鮮明的對比是滴滴出行。雖然同樣是「燒錢」大戰，但滴滴出行快速更新迭代了自己的技術和產品，且後續建構了堅固的護城河，也就是企業祕密，並以此爲基礎發展壯大。這是共享單車企業沒有做到的，或者說在市場崩盤之前沒來得及做的。

透過這樣的對比，我們可以得出一個很清晰的結論：一家企業必須形成自己的祕密，唯有此，才能讓組織具有獨特性，在與萬千企業的競爭中獨樹一幟，發展出別人無法模仿與追趕的商業價值。

放權和試錯

放權和試錯的方法論來自我對生物態和複雜體系內容的思考。傳統企業的組織形式大部分都是機械態，比如福特汽車。

福特汽車的創辦人亨利．福特有一句名言：「我（公司）只想要一雙手，為什麼還要來個腦袋？」機械態的公司根本不需要有自己思維的員工。以福特汽車為例，它只需要員工機械化地製造汽車零件，並將它們組裝成為一輛汽車，然後完成銷售即可。在這種模式之下，老闆不會也無須將權力下放給企業的員工，更不會允許員工試錯。

但隨著時代和技術的不斷發展、進步，越來越多的工作已經不再是簡單的流水線生產，如果員工沒有一定的自主性，工作將會很難順暢高效地開展。機械態的組織形式已經無法匹配當前時代和市場的需求，建構生物態成爲所有企業的當務之急。而生物態組織極其重要的前提條件之一便是放權和試錯。

會放權的企業才有長遠的未來

潤米諮詢的董事長劉潤採訪過我。在談及生物態企業的時候，他問了我一個問題：「你是如何保證在放手公司那麼多權力和內容的情況下，公司的業績還做得這麼好？」

我回答他：「第一個是我們公司的員工都還不錯，我運氣好。第二個，我戰勝了內心的恐懼和自負。」對一家企業的領導者來說，自負絕對是非常致命的一種「品格」，它往往會讓人做出錯誤的選擇。

所謂自負，簡單理解就是過高地估計了自己的能力。自負的人從不會將失敗的原因歸於自身，而是歸於外部環境。他們通常認爲自己非常優秀，並在不斷的迭代中越來越認爲自己無所不能。舉一個很常見的例子：買了彩券。幾乎所有人買了彩券後都會選擇自己刮，原因就是彩迷大都自視甚高，自負地認爲自己的「運氣」異於常人，中獎機率比其他人要高。然而，當我們站在一個客觀的角度去看待「彩券」，會發現每個人中獎的機率都是相同的。

其實所有人或多或少都存在自負的認知，區別在於我們是否能發現並戰勝它。說回採訪中的一個關鍵問題：我如何戰勝自負的「品格」。答案是我曾經因爲自負心理經歷了多次的失敗，在失敗中我學會了批判思維，對自己有了全新的認知。

和大家分享一個我做雜誌時的經歷。那是我第一次當總經理，爲人難免有些自負，團隊裡的所有事情，做發行也好，做印刷也罷，甚至每個月發薪資我都要過問。因爲我不放心自己的員工，更願意相信自己的能力和意願。

有一次我的一位經理聯繫了一個客户，我就和她一起去了。但在交流過程中，一直都是我在和客户溝通，那位經理一句話都沒插上。回到公司後，這位經理就要辭職，因爲她認爲公司根本不需要她，她也就沒有必要再繼續堅持。我當時感覺特別奇怪，自認爲幫她很多，不感激我就算了，居然還生氣辭職？我那時還不能理解她。

但後來公司做不下去了，原因就是公司所有的事情、所有的決定，我都會插手，導致員工任何事情都不敢自己做，越來越依賴我的決定，什麼事都要來問我，讓我分身乏術。而且我也不是任何事情都會，但是公司已經沒人敢去做了，只能由我硬著頭皮去做，公司被弄得一團糟，最後做不下去了。

我輔導過的很多學弟學妹在創業時都經歷過這種事情，他們都是青年才俊，具備很強的能力。但能力是一回事，如何認知能力卻是另一回事，在很多場景中，問題往往出自對能力的錯誤認知。比如一些綜合素質很高的管理者很難充分信任企業員工，總是擔心員工難以完成工作，由此就會產生很強的掌控欲，事事過問。

從員工的角度來看，老闆的不信任無疑會打擊員工的自信心和工作積極性，因爲害怕出錯而不敢自主做任何決定。在這種情況下，員工也就失去了長足進步的可能和空間，成爲「低風險低貢獻」的員工。

大家可以設想這樣一家老闆大包大攬的公司，毫無疑問的是，公司的發展上限與老闆的管理半徑幾乎是等同的，一個人又如何與一個團隊相提並論呢？而且，所有決策都出自一個人的經營模式，這樣抗風險能力就很弱，一旦出現問題就很難挽回。我一個學弟在總結創業失敗的經驗時發現，他一直認為自己是公司裡容錯率最低的人，但最後卻犯下了所有的錯誤。

錯誤是正確的開端

很多領導者之所以無法容忍員工犯錯，除了對自己能力的自負，另一個很重要的原因是，他們把公司視為私有財產，認為員工的錯誤最終都是對自己財產的侵害，是不可原諒的。這種思維體現的其實是一名管理者的格局與對公司發展的認知，他們只關注眼下的利益，卻忽略了長遠的發展。

在樊登讀書剛剛起步的時候，公司只有幾名員工，我當時向他們傳達了一個理念：樊登讀書是一個全新的模式，沒有前輩和經驗做爲參考，我們每個人都必須自己鑽研，成爲這一行裡的第一批專家，而且最重要的是，要有自己的主見，不要怕犯錯誤，大家一起嘗試和進步。就這樣，樊登讀書一步一步地發展到了今天。因此，管理者要放下自負，試著將權力下放給員工，讓他們自主工作，允許他們犯錯。只要員工能在錯誤中獲取新的認知，完成成長，發揮出自己的才能，他們就會成爲公司寶貴的資產。

我之前看過一本書，叫做《當責領導力》，作者是美國第七艦隊潛艇指揮官、哥倫比亞大學資深領導力導師大衛．馬凱特。他在書中講述了如何透過打破傳統觀念下「領導者—追隨者」的領導模式，將一支一直處於所屬艦隊末端的核子潛艇部隊打造成爲最優秀部隊的事情。

授權不是一件容易的事情。它並不意味著領導者可以當一個甩手掌櫃，員工可以爲所欲爲，而是一定要有一套完整的專案和步驟去做授權，以我在前面多次強調的提問方法，改變雙方原有的「領導者—追隨者」的組織架構，調動起員工的積極性，建立一種自下而上的管理模式。透過打造全員領導力，管理者和員工共同勾勒發展藍圖，完成未來目標。

大家可以想像一個畫面：在核子潛艇快要撞上礁石時，艦長卻一聲不發，訓練有素的士兵很從容地駕駛艦艇轉頭駛離。一個充分信任士兵的艦長，會默認士兵想得比自己更完備、更周全，因爲他已經將士兵完全鍛鍊出來了，這些士兵對工作有著清晰的認知。

華爲有一個十分著名的理念：讓聽得見炮聲的人呼喚炮火。它背後的邏輯是，領導者的主要責任是把握公司發展方向，基層的市場競爭應當交由基層員工處理。如果這種秩序被領導者打破，領導者直接插手基層工作，那麼組織內部就會形成一種「唯老闆命令是從」的風氣，組織的發展被領導者的個人能力和認知綁架，自然也就失去了發展的活力和上限，成爲機械態組織。

而一個生物態組織在執行任務時，一定是讓專業人員成爲團隊核心，帶領組織團結協作解決問題。如果領導者有問題，大家可以和領導者探討與解釋。團隊成員尊重領導者，但不能唯命是從。

我每次和員工開會時都會強調一句話：「你們要允許我發言。」言下之意是，公司追求人人平等的環境，我可以提出意見，大家也可以根據判斷選擇聽與不聽。

我是一個非常喜歡提創意的人，總是能天馬行空地想出很多奇奇怪怪的想法。如果公司沒有平等交流的環境，那麼員工一定會畏懼「老闆」這個頭銜，使得他們不敢違背老闆提出的想法，還會想方設法去完成。如果老闆的想法是對的，那麼萬事大吉；但如果老闆的想法是錯的，那麼公司一定會爲此付出慘痛的代價。

因此，管理者一定要懂得下放權力，讓專業的人做專業的事情，讓他們自己拿主意。

「放權和試錯」是打造一個生物態組織非常關鍵的方法論。一個組織最主要的活性細胞就是員工，只有他們具有自主處理工作的能力，整個組織才會產生非凡的活性。當員工擁有活性後，就能讓整個組織的每一個部門都獨當一面，而我們要做的就是讓員工勇於工作，敢於承擔責任。

讓組織自己長出來

提到「生長」一詞，大家想到更多的肯定是其生物學意義，即植物從一粒種子到開花結果的過程。其實把它應用到商業環境中，同樣有十分精妙的解讀，比如有生命力的組織往往不需任何催生和施肥，就能自然而然地完成生長，獲得成功。

競爭，才是生命力的催化劑

我曾跟騰訊的一個創辦人進行交談，他跟我描述了騰訊內部一個十分有意思的現象：所有進過總裁辦公室的專案，無一例外都以失敗告終，能夠成功的專案大都是那些不被大家在意、突發奇想的專案。

微信就是最典型的案例。某一天，張小龍（現任騰訊副總裁、微信創辦人）靈光一閃，決定做一款行動聊天軟體。當時並沒有人給予太多的注意，認爲他只是臨時起意。後來，張小龍帶著一個小分隊去廣州做出了微信。現在微信的火爆程度和影響力，大家應該都有目共睹了。

在我們兩個人的溝通中，他明確地向我表達了自己的疑惑：「爲什麼我們花費了很多精力，投入了大量人力、物力設計的專案還未成形便胎死腹中，而很多我們並不重視的專案，卻猶如野草般強韌，最後長成了參天大樹？」

在我看來，這就是人爲催生組織和自我生長組織的不同之處。大家可以把發展組織與培養孩子對應在一起理解，當我們在一個專案上的注意力過高，投入的心血過多時，關注就會變成寵溺。而且，在專案經歷市場驗證之前進行大量投入，會使專案喪失客觀性和實事求是的精神，換言之，就是失去了生物態的成長環境。

對任何一個專案來說，充足資源建構的都是一個虛假環境，所有的問題都能利用已有資源來解決，也就不會遭受眞正的市場環境的洗禮，無法認識到自己的不足與缺點，更不會更迭自身，改善自己的不足來適應市場。就像一朵在溫室中長大的花朵，沒有經歷過風吹雨打的洗禮，稍有風吹草動就會令它損枝斷葉，甚至枯萎。

「詩仙」李白一生狂放不羈，在歷史上留下很多赫赫有名的詩篇。但李白一生中最大的理想卻是做一個大官，建功立業，一展抱負，可終其一生都未能得償所願。其中一大原因就是李白家境十分優越，身爲「富二代」，他不用爲生活中的各種瑣碎事情發愁，能隨心所欲地周遊全國，遊山玩水。從某種角度來說，家境巨變之前的李白就是溫室裡的花朵，沒有經歷過生活的辛酸，性格又驕傲狂放，自然無法適應官場的爾虞我詐。

而「長出來」這個概念強調的是，組織遵循生物的生長規律，不需要用過多的資源進行催熟，讓它接觸眞正的市場環境，以鍛鍊其在殘酷的市場環境下生存的頑強生命力。如果成功了，組織便可以不斷地迭代進化，完成「長出來」的過程，並最終獲得成功。

想要眞正理解「長出來」這個概念，一定要結合生物態的諸多規律，這也是研究生物學的重要性所在。一個良好生物態組織的建立，一定會遵循生物進化的基本原則。

在傳統的組織裡，「長出來」是一件非常困難的事情。因爲做爲一個「異端」的創新，它很難獲得足夠的資源和支持，甚至會因爲與組織現有的戰略方向、優勢等相衝突而遭排斥，而且企業追求的是精準、可控和可預期，這也是很多創新想法難以找到生存空間的原因。

生物學中有一個概念叫「綠色沙漠」，它是指同一時期大面積種植同一種樹木，由此形成的樹林會遮擋住這片區域所有的陽光，最終導致樹林的下層植被因爲無法獲得足夠的養分和陽光而枯萎，甚至死亡。而單一的生態植被同樣無法構築健康的生態，也會使其本身對災害的抵抗力非常差。

樊登讀書也曾面臨過這一問題。有一段時間我們開展了很多新專案，但最終都因爲影響了公司年卡的銷量而被叫停。因爲年卡的銷售是樊登讀書的支柱業務，其他新業務必須在保證不擠壓年卡業務的前提下才能展開。

新舊分離，避免「綠色沙漠」

大家一定要摒棄一種觀念，即傳統專案能幫助新專案。其實如同「綠色沙漠」揭示的規律一樣，兩者只會相互干擾。因此，當企業想讓一個新專案健康「長出來」時，一定要讓它遠離原本已固化的規章制度，在全新、沒有約束的環境中生長，最好在實體層面上將其與傳統業務隔離，保持兩者互不干擾、獨立運轉。

賈伯斯在做 iPhone 手機的時候，其他的業務部門根本不知道這件事，他們只發現自己部門的核心員工一個又一個地突然消失，沒有人知道他們去了哪裡。他們其實都去和賈伯斯研究 iPhone 了，但是賈伯斯害怕老部門會影響這個新專案的發展，便讓所有合作的員工簽署了保密協定，不允許向任何人透露這個消息。最後 iPhone 研發成功，蘋果公司開啓了它的又一個新紀元。

生物學環境和商業環境一樣，都遵循著同一個殘酷的法則：適者生存。如果企業不能讓自己的物種保持足夠的活力，一定會被其他更優秀的物種取代。我們要讓自己不斷地進化，適應同樣不斷變化的環境，這樣才更能活下去。這就是我所說的「長出來」。

想要建構一個生物態組織，符合生物成長進化的規律是前提之一。讓新事物自行生長，在磨練中適應環境，而只有在一個自由的生物態環境下，才會有更多具備頑強生命力和發展前景的專案「長出來」。

第四章

激發他人的善意，喚醒員工的內在動力

管理的本質就是最大限度地激發和釋放他人的善意。所謂善意，就是培養員工的成長型思維，給他們終身成長的空間。

塑造成長型思維，讓員工終身成長

善意是管理中一項極爲重要的因素，西方管理學大師杜拉克曾說過，管理的本質就是最大限度地激發和釋放他人的善意。管理者想要激發員工善意，最核心的著力點就是給他們終身成長的空間和可能性。換句話說，釋放善意就是剔除員工僵硬的固定型思維，培養其成長型思維，我把這種思維稱爲「美德背後的美德」。大家可以透過這個邏輯去觀察、思考世間所有的優良品質，會發現所有美德背後都有一套成熟積極的成長型思維，而所有的惡性價值觀背後都潛藏著一種固定型思維，這是善與惡最本質的分界線。

固定型思維的員工就是企業內部的「蟻穴」

一個固定型思維的人，會堅定地認爲自己是可以被度量和被限制的，自己的生活、工作、前景都取決於他人的評價，極爲在意他人的認可、自己與他人的差距，因而會時刻觀察、對比他人開的什麼車子、住的什麼房子、穿的什麼衣服等。

固定型思維的人最大的特點就是急切地要證明自己。比如某個人來樊登讀書（其他企業同理）上班，他的目的不是樊登讀書所堅持的解決社會問題，或者探索自己未知的能力，而是想透過這份工作證明自己，進而產生「我終於做到了」的成就感。

這種思維會成爲各種惡性行爲背後的支撐。大家可以仔細觀察，假如一個人做事不講誠信，很大一部分原因是在他的潛意識裡認爲這是最後一次往來，他想透過非誠信的方式把本次所做事情的利益最大化。從旁觀者的角度來看，此類不考慮未來、不考慮口碑的行爲無異於飲鴆止渴，但是在他們眼中，行爲本身是沒有意義和價值的，即行爲不分正義與邪惡，任何能夠獲得利益的行爲（當然是在法律底線之上），他們都會毫不猶豫地選擇。而獲得利益這件事，能夠刺激他們的成就感和滿足感。

再比如社會的頑疾：家庭暴力，一個丈夫之所以會毆打、虐待自己的妻子，本質上就是爲了維護自己虛無縹緲的「尊嚴」和「家庭地位」，獲得掌控一切事物和規則這種莫名其妙的優越感。其實想要透過此類不合理途徑獲得成就感、優越感的行爲，也是固定型思維爆棚的具體體現。固定型思維會讓一個人變得錙銖必較，不願意接受任何不如意的狀況，並且可能會透過極端的方式去改變不如意的狀況。

在職場中具有固定型思維的員工其實有很多，只不過他們的行爲不如案例中的極端，但對公司的發展同樣極爲不利。舉例來說，員工在自己的職位上尸位素餐，當一天和尚撞一天鐘，或者因爲不喜歡某個人，進而在與他合作時處處作梗，欲看其出醜而後快。任何一家企業、機構中存在這種員工，對集體內部的團結都將會是一種阻礙。俗話說：「千里之堤，潰於蟻穴」，固定型思維的員工就是企業內部的「蟻穴」，管理者必須要給予足夠的重視。

一山還比一山高，追求卓越，永無止境

具有成長型思維的人，心態永遠都是積極正向的，他們不會在意一時一地的得與失，而是更爲關注促進自我成長的因素。此外，他們目光長遠，能夠看到在未知未來中進步的空間和種種可能，並願意爲之奮鬥、爲之努力。他們堅信自己能夠變得更好，可以爲社會、爲他人做出貢獻。

具有成長型思維的人與固定型思維不同，他們很少主動與其他人做比較，會向內認知自己，眞正做到「吾日三省吾身」，發現存在的缺點和不足後迅速加以改正，並且能夠深刻意識到未來仍有巨大的進步空間。所以大家可以注意到，那些取得巨大成就且爲世人所喜愛的成功人士，大都具備同一種美德：謙虛。

美國著名高爾夫球手「老虎」伍茲，曾一度高居權威的高爾夫世界排名榜的榜首，是史上公認最成功的高爾夫球選手之一。即便是這樣一位偉大的運動員，在奪得大滿貫（獲得某一領域所有頂級獎項）之後也會認爲自己的發球動作不夠好，還存在成長進步的空間，所以他選擇重新開始，練習另一套讓他更滿意的發球動作。伍茲爲什麼會受到大家的喜愛和欽佩？我想他的謙虛和對卓越永無止境的追求就是答案之一。

我相信即使不看籃球比賽的人，也絕對聽說過喬丹的大名，將他形容爲史上最偉大的籃球運動員也不爲過。可就是這樣一個人，在獲得了NBA（美國職業籃球）總冠軍後，「改行」成了棒球運動員。雖然喬丹的棒球天賦不如在籃球方面出類拔萃，但他依然堅定地走自己的路。後來，他還專門拍攝了一部紀錄片用來記錄自己進入棒球領域的行爲。

大家需要明白的是，不管是無視他人嘲笑堅持自我，還是透過電影這種大眾媒體進行自嘲，其實都是一種人格和心理極爲強大的體現，同時也是成長型人格的體現。因爲在他們的心中，自我成長是沒有極限的，當前的高度只不過是下一個顛峰的出發點。

古人教過我們很多道理，比如「勝不驕，敗不餒」，偉大的人之所以能夠被定義爲偉大，就在於他們不只深刻明白了這些道理，還付諸行動。正如伍茲和喬丹，明明是一個領域中當之無愧的領導者，我們卻看不到他們身上的「驕」，而且他們依然有勇氣去挑戰更多的不可能，眞正做到了終身成長。

所以我才會強調，管理者釋放員工善意的核心就是鍛鍊員工的成長型思維，讓他們將「終身成長」的觀點銘記在心，並運用到實踐中。

逆境的背後就是成長

當然，成長型思維帶來的成長不只是從一座山峰邁向另一座山峰，它還體現在一個人身處低谷中時的不屈不撓，也就是「敗不餒」。一個最典型的案例就是稻盛和夫與松下公司的故事。

在稻盛和夫揚名立萬，成爲世人尊敬的企業家之前，他還只是松下公司陶瓷元件的供應商之一，而且經常被松下公司「欺負」。在那個時代，松下是當之無愧的產業巨頭，對供應商有著不容挑戰的議價能力，所以它會要求供應商每次供貨都要便宜五%。其他人對此都憤懣不平，控訴松下此舉是壟斷和打壓供應商的行爲，紛紛表示不可接受並退出了供應商的行列。

只有稻盛和夫簽下了降價五%的合約，而且表現出了足夠的禮節：向松下公司的人鞠躬、說「謝謝」等。之所以會如此，是因爲他明白對方掌握著絕對的主導權，京瓷只能盡量滿足對方的要求。然而，稻盛和夫並沒有死板地接受現狀，他回到公司之後開始加強研發投入，從效率、品質等多個面向提升產品競爭力，確保自己仍有利潤空間。

慢慢的，松下其他的供應商因爲價格、無法與京瓷競爭等原因紛紛選擇了退出，京瓷也就成爲松下唯一的供應商。至此，京瓷掌握了與松下平等的話語權，也就不存在五%的降價了。

後來稻盛和夫第一次見到松下幸之助時，他向後者深深地鞠躬，並表示感謝對方的栽培。松下幸之助很好奇，松下公司一直以來都在以不合理的方式與京瓷合作，爲什麼對方會認爲得到了自己的栽培呢？稻盛和夫說，是你鍛鍊了我們的能力，如果沒有松下一步一步的壓榨，我們也不可能成爲競爭力最強的供應商。

稻盛和夫具備的就是典型的成長型心態。在他眼中，沒有所謂的絕對逆境，轉換一個角度，就是成長的方向。所以從領導力的角度來說，我們需要培養員工的成長型思維和終身成長的心態，進而激發他們的上進心和奮鬥欲望。

終身成長是員工與企業的雙贏

相信大家對「鐵飯碗」這個詞都不陌生，它的意思是指一份可以幹一輩子的安穩工作。但隨著時代的發展和市場的變化，這個「飯碗」不再受到社會的普遍追捧，最大的一個原因就是它損害了企業、組織機構的利益，員工本身也失去了成長的心態和可能性。當一個人拿到了「鐵飯碗」，他的上進心和工作積極性就很難得到保證，努力工作一天和閒適地混一天得到的是一樣的薪資，自然也就沒人願意選擇奮鬥。長此以往，員工的成長無從談起，企業的利益和發展同樣無從談起。跟大家分享一個發生在我身邊的眞實案例。

我有一個同學在某個大型工廠裡工作了將近十年，職位是品管，具體工作內容十分簡單，就是在生產線上擰燈泡來檢測它是否能正常亮起來。有一天他找到我說：「我馬上就有十年的工作年限了，成爲終身員工後，他們就無法開除我了。」爲了慶祝，他把所有的積蓄拿出來買了一輛車。結果在成爲「十年終身員工」的前兩天，工廠的人力資源部通知他不與他續簽勞動合約了，變相把他開除了。更殘酷的是，十年來一直在做這項工作，導致他幾乎不會做別的事情，也就失去了在市場上尋找其他工作的可能。

如果不是站在朋友的角度，而是公平客觀地看待這件事，我們根本無法譴責工廠的做法不人道、不厚道。因爲同樣一份品管工作，剛畢業的大學生也可以做，且薪資只要五千元，而終身員工可能要一萬五千元，兩相對比，誰都明白該如何選擇。

這件事讓我感慨頗深並領悟到了一個道理，企業能夠帶給員工最有價值的事物並不是高福利和薪資，而是讓他升值，讓他具備更加強大的市場競爭力，這樣的成長過程才是最重要的。因此，領導力的一個最基本的前提假設，就是企業與員工之間應該是共同成長的共贏關係，而非剝削關係。

我不否認剝削員工能掙到錢，但是這種方式無異於殺雞取卵，而且是極爲不道德的。員工沒有成長其實也就意味著企業沒有發展，稍微遇到一些風雨可能就會倒閉。抖音的母公司字節跳動之所以能發展得如此迅速，除了短片市場的紅利，最大的原因就在於字節跳動的員工成長帶來的巨大動力，企業與員工相互增強，形成了不斷上升的螺旋通道。

因此，我們應當不斷釋放員工的善意，培養他們的成長型思維和終身成長心態，以員工的能量帶動企業發展，以公司的資源支撐員工成長，建構一個雙方正向促進的發展循環。

剛性制度是組織發展的巨大阻礙

在管理工作的過程中，那些使得員工一步一步喪失工作動力和上進心等善意的內容，比如規章制度、企業文化，在設立之初都是有顯著效果的，這其實是一個特別有意思的現象。制度設立的初衷是解決問題，但是當制度變得僵硬、剛性之後，它反過來卻會成爲公司發展的阻礙。

剛性制度對企業發展最大的危害就在於它遏制了員工的善意，助長了員工消極怠工等惡意。而有能力、有追求的員工之所以會在剛性制度的壓迫中選擇離開，最主要的原因是它限制了自己成長的空間和發展的可能性，對企業的長期發展來說也是如此。

剛性制度導致劣幣驅逐良幣

劣幣驅逐良幣理論相信大家都聽說過，它是由十六世紀英國一位財政大臣格雷欣提出來的，所以這種現象也稱「格雷欣法則」。當一個國家內同時流通兩種法定比價相同但實際價值不同的貨幣時，人們在交易過程中就會更傾向於使用實際價值比較低的貨幣，也就是劣幣；而實際價值較高的貨幣，即良幣，則會被收藏或輸出，在市場上流通的數量會越來越少。這就是劣幣「戰勝」良幣的過程。

如果大家認眞思考該理論或現象就能發現，它其實在一定程度上詮釋了爲什麼剛性制度會阻礙公司發展。

網飛的創辦人兼執行長里德．哈斯汀曾寫過一本書《零規則》，他在書中描述自己在創辦網飛之前創辦過一家軟體公司，當時學了谷歌的企業文化，員工可以帶寵物來上班。結果有一天，一個員工養的寵物狗把公司的地毯撕咬出一個大窟窿。出於無奈，哈斯汀又制定一條規定：禁止帶寵物上班。

另外，由於人員越來越多，就不得不增加更多的條條框框來約束員工的自由行爲，比如有員工出差時住在一晚七百美元的五星級酒店，因此，哈斯汀不得不給報帳加上了條條框框。

一家企業從創立開始成長到一定的規模，一路上必然會遇到各種各樣的問題與不合理，規章制度這樣有效的解決方法，就會越來越多。比如案例中的軟體公司，隨著制度和條條框框不斷增多，哈斯汀發現一個現象：公司中一些眞正有才幹、有能力、有追求的人都選擇離開了，原因在於無處不在的規章制度限制他們的成長和發揮。至於選擇留下、繼續忍氣吞聲的員工，往往都是一些較平庸，沒有突出才能的人。所以哈斯汀開始反思：公司裡如此多的規章制度和約束條件是不是眞的有必要？很多時候，我們提出一些規則，針對的都是特定案例，最終卻演變成因爲一些個案而把某項制度強加在全部員工身上的結果。就像我們爲了防止某個人偷東西，卻把這種懷疑加在所有人身上，讓每一個人都要面對防盜門，這明顯是不合理的。

企業的管理者要認眞思考一個問題或仔細算一筆CP值的帳：是讓所有人在極

其受約束的條件下工作划算，還是透過其他更放鬆的方式去釋放員工的善意，讓員工更主動工作划算？我相信在條件允許的情況下，大多數管理者都會選擇後一種。

釋放員工善意，從陪員工一起成長開始

在很大程度上，領導力可以理解爲與員工的互動能力，而如何讓員工信任管理者且發自眞心地認可、執行後者制定的戰略和目標，就是其中極爲關鍵的一環。反過來，想要獲得員工的信任，最基礎的一個前提就是管理者給予員工信任。如果管理者面對員工時，總是不放心、不授權，而且經常用條條框框的制度來處處掣肘，那麼員工的積極性多半會受到打擊，甚至會因此失去積極性和上進心。

其實從員工的角度來看，這種不信任無疑會導致他們接觸不到眞正有價値的生產資訊和資料，而這些正是對員工自我成長有意義、有幫助的元素。不信任是如此，過多的剛性制度也是如此。大家再回想一下上面提到的案例，或許就能明白爲

什麼有追求的員工會離開，而尸位素餐的員工會選擇留下。

很多管理者認爲只要給員工提供一份合適的薪資、一個舒適的辦公環境，他們就會死心塌地地爲公司奮鬥。在我看來，若這種想法出自一九五〇年代到一九八〇年代的公司管理者，那麼是正常的，但如果是在網路思維、數位化思維盛行的今天，那麼就是大錯特錯。最根本的原因在於，市場對人才、能力的需求已經不一樣，同時人才對職業發展的追求和規畫也已經不一樣。

大家應該都知道，在一九五〇年代到一九八〇年代的時候，大學生特別搶手，一個很重要的原因是當時的企業、工廠急需工具型員工。所謂工具型員工，就是會簡單的數學計算，能夠學會企業所需的基本技能，有定力、有耐心長時間工作且任勞任怨的員工。當時的大學生無疑與市場需求完美匹配。

此外，身處那個年代的人，基本上都會在一個工作崗位上堅持三十年或四十年，成長和進步的空間都很狹窄。比如我母親是一位教師，她能把所教課程拆分得很詳細，所以教課效果很不錯，但幹了一輩子還是教師。再比如我岳父岳母都是工廠裡與車床相關的技術員，同樣是一直到退休也沒有太大的改變。

當我們對比兩個時代，可以發現一個十分殘酷的結果：過去有人幹了一輩子所謂的技術職位，如今只需要一個按鈕就能替代。如今整個世界變化的速度已經遠遠超過以往任何一個年代，即便是變革速度比較慢的銀行業也產生很大的改變，比如推出多種多樣的線上金融產品和各種數位化的服務手段。所以不管是企業或個人，都需要加速自我成長，因爲沒人知道自己明天會不會被另一個「按鈕」替代。

從大家面對的困境（成長壓力）反推，管理者應該得出的答案就是：釋放員工善意，陪員工一起成長。此處的善意指的是員工的上進心和奮鬥欲望。大家應該都知道，華爲的企業文化中有很多強調的都是奮鬥和上進，而且華爲也透過全員持股等福利制度和末位淘汰等壓力制度，做到了管理者和普通員工一起成長，所以華爲的市場競爭力才會如此強大。

華爲能夠做到這一點，那我們就有理由相信其他公司同樣可以做到。因爲拋開具體的獎懲措施，華爲具備的客觀市場因素，對其他任何一家企業來說都是公平存在的，是不會劇烈改變的。因此管理的關鍵就是公司領導者的領導力，保證公司制度不會變得僵硬、剛性，以致束縛員工的行爲和善意。與此同時，管理者要做到平衡公司的制度與優秀員工自我成長之間的關係，讓他們看到努力奮鬥的目標，也要讓他們享受到奮鬥的成果。

以善意打破局限，尋找更多可能

所謂釋放善意，陪員工一起成長，強調的多是工作能力方面。但大家都明白一個道理：一個人的成長不只體現在能力上，心態、眼界、思維同樣重要，有的時候甚至更重要。

以我個人爲例，曾經有一段時間，我認爲商業案例都只是簡單的歸納法，學習它們是在做無用功，星巴克如何成功、阿里巴巴如何成功跟我有什麼關係呢？但如今我不再這麼認爲了。學習商業案例最大的益處不在於依葫蘆畫瓢，不是它們如何做，我們就做同樣的動作，因爲時代背景、社會認知都已經發生了很大的改變。學習它們的最大益處在於能開闊我們的視野，提升我們的想像力，讓我們覺得人生有各種各樣的可能性，這才是最重要、最有價值的。

很多人經常問我：「樊老師，你對上市有什麼看法？」「你對股權價值怎麼看？」「公司估值到多少了怎麼看？」其實我覺得這些事情並沒有那麼重要，如果大家多閱讀一些歷史書就能明白，相比於那些因爲某些事業被砍頭的人，掙多少錢都是一件可以接受的事情。在漫漫人生路上，有太多價值遠大於眼前工作的事物。很多人會覺得失去一份工作就變得一無所有，其實這種想法完全沒必要，世界上和工作毫無關係，但生活得很好的大有人在，他們同樣能有自己的事業，並堅持、熱愛自己的事業。

我不是鼓勵大家放棄工作，而是人生有各種複雜的場景，每個人都會有不同的人生奇緣。我們不要因爲工作就把軀體、思想完全局限在一塊很小的地方，不能帶著這種害怕失去和恐懼人生的心態來工作。同樣是工作，如果我們轉變思維，用一種創造性的享受人生的心態來對待眼前的事業，那麼不只是工作的效率、效果會更好，我們也能獲得更多的快樂。因此，人生最關鍵的就是，努力做自己樂意做、應該做的事情，拋棄那些束縛我們的剛性思維，充滿彈性地活著。

重新思考績效考核，創造更多的可能性

集體利益至上是很多企業堅持的一個原則，但它是否就一定意味著，員工所有的行爲都必須以「爲企業帶來收益」這一結果爲導向呢？是不是員工所做的所有工作都必須成功，不能失敗，否則就會被開除呢？如果不是，那我們該如何理解利益至上呢？

IBM曾經有這樣一個故事。有一名員工執行一個專案，結果導致公司虧損了兩千萬美元。這個數目放在任何一家公司都是讓人心痛的損失，即便是國際巨頭IBM。所以這名員工就找到了時任IBM總裁的葛斯納，主動承認了所有的錯誤，並表示願意承擔一切後果。言下之意就是公司開除

他，他也能接受。

葛斯納卻對他說，公司剛剛爲你交了兩千萬美元的學費，你不能一走了之，如今損失已經不是最重要的因素了，你能不能從這件事中學習到東西，能不能認眞地從公司利益至上的角度思考問題、進行工作才是最關鍵的。

因此，所謂利益至上就如同企業給予員工的自主性一樣，並不是絕對的，比如案例中的員工，如果他能從暫時的失敗中深刻地反思自我，學習到正確的方法，便有可能在今後的工作中爲ＩＢＭ創造大於兩千萬美元的價値。從這樣的角度出發，「利益至上」中提到的利益其實可以分爲兩種：一種是短期實實在在的利益，比如某個專案的收益。另一種是長期的、可以預估的利益，比如研發創新、優秀員工的成長等。葛斯納強調的利益就屬於後者。

KPI並非唯一的評價標準

回顧IBM的案例，葛斯納之所以相信這名員工能反思自我並實現成長，籠統一點來說，可能是因爲該員工以往的表現足夠好，已經展現出成長的潛力。但其實這種「好」的定義十分模糊，並沒有一個可量化的參考標準。從員工的角度來說，他肯定無法憑藉給領導者留下的說不清道不明的好印象而獲得繼續在公司奮鬥的安全感。爲了解決這種窘境，網飛給出的答案是直接與領導者進行溝通，詢問相關問題，比如詢問領導若自己離職，公司願意付出多大的代價進行挽留。

相較於葛斯納和網飛對員工模糊的評判，市場中更常見的評判方式是參考績效考核，透過多個量化的指標對員工進行評分，我認爲它們最大的不同就在於後者採用的大多是剛性指標，以每個月或每個季度的成績很生硬地將員工劃分爲好和壞兩個層級，而忽略員工自身成長的可能性，甚至會扼殺這種可能性。因爲在一些員工眼中，既然分數是最終決定好壞的標準，那獲得一個高分就成了他們的追求目標，比如討好領導者、做領導者喜歡的事，或者在一些具體工作上刻意凸顯自己等等。

大家想一想，如果所有員工的目光都只盯著分數，而非工作或自身成長，那麼企業長期發展的出路在哪裡呢？其實這種狀況很像之前「以分數爲導向」的教育格局。很多老師、家長、學生都只盯著每次考試的分數，即便一次很小考試的失利，也可能帶給孩子巨大的心理壓力，反而不利於孩子學習和心理的成長。改變這種壓抑學生全面健康成長的教育格局，也是我們樊登讀書立志要做的事情之一。

具體措施是，我們會將大量的課程輸送到社會中，然後給出大量的考試機會。如此做的好處有兩點：一是可以弱化考試分數在人們心中的重要程度，比如一個月考試三十次，人們就會把考試當成常規行爲，而非一種太過莊重、神聖的事情。二是用考試的方式讓學員學習到知識點。我相信大家都明白一個道理，不管是在學校還是在社會上的各種培訓機構中，學習到眞本事、眞學問才是「學習」最本質的目的，「考試」只不過是其中一個途徑和檢測手段而已。可悲的是，以前人們本末倒置，只盯住了表象，丟了本質。

職場是一個相較於校園更爲複雜、更加多元的場景，其中的人員相較於學生有更多自己的主見和想法。在網飛眼裡，每個不同的想法都有可能成長爲一個絕妙的創意，所以他們敢於打破被市場奉爲圭臬的種種硬性制度，敢於打破領導的統一指令與要求。相較於ＫＰＩ中的分數，他們更在意的是釋放員工的善意，最大化每個人主觀的奮鬥意願和上進心，使得公司重金招攬的每一名員工都人盡其才。

應對未來危機最好的時機就是現在

一九九〇年至一九九一年的波灣戰爭相信大家都不會陌生，這是到目前爲止，人類親眼見證的最後一次大規模常規戰爭，參戰雙方分別是伊拉克，以及以美國爲首的由三十四個國家組成的聯軍。伊拉克一方裝備了大量的蘇聯飛機、坦克，實力不俗，所以世人都認爲這將會是一場曠日持久的慘烈戰爭。然而，事實卻讓所有人跌破眼鏡，在美軍壓倒性的制空、制電子優勢之下，伊拉克一方被打得毫無還手之力，最終只能接受失敗的苦果。

波灣戰爭讓所有國家明白了一個道理：在絕對的資訊化優勢面前，傳統武器不過是一堆鐵皮盒子，如同無頭蒼蠅一樣根本找不到敵人在哪。從二十世紀進入二十一世紀，從資訊化進入網路化、數位化，很多「戰爭」已經在網路這個虛擬空間中悄無聲息地進行了，比如震驚世界的稜鏡門事件，再比如委內瑞拉全國大斷電事件，它們的背後都有網路軍隊的影子。

這些事件其實都在講述同一個邏輯，新一代的技術、思想、戰術與傳統的相比，兩者根本不在同一個量級上，以新打舊，後者基本上只能坐以待斃。同樣的邏輯放在職場上，其實就是瘋狂世界和正常世界的區別。

可能很多人會認為，打破KPI等傳統績效考核制度是一種過於超前的思想，而且任由員工按照自己的意願和想法立項或支出會給公司帶來巨大的動盪和混亂。我是同意這種認知的，但這並不妨礙我們當下去思考這一問題。

在瘋狂世界中，優秀的員工不是考出來的，而是生長出來的。現在我們要做的就是重新思考績效考核制度，打破種種束縛思維、行為的剛性規則，給員工更大、更長遠的自我成長空間和時間，進而最大化釋放員工善意，不僅使他們在短期內獲得工作效率、工作品質上的提升，還能在長期收穫更多可能性。

共建超級球隊，實現組織透明化

求學時，老師經常會教導我們要培養集體意識，在校運動會與其他一些比賽中爲班上集體的榮譽而努力。其實集體意識放到職場上同樣適用，只不過不應該由領導者督促員工去培養，而是雙方共同努力去建構、去維護。因此我希望大家能夠認識到一點：公司與員工之間並不是剝削與被剝削的關係，而應該是集體中每一個人都付出力量和心思，團結協作推動公司發展，同時使員工獲得收益與成長紅利。當員工成長到一定高度打算創業時，管理者也應當大方地給予鼓勵和祝福。

透明是壓力，同時也是動力

就像每個班級都有調皮搗蛋的孩子一樣，更爲複雜的職場中同樣有不願意遵守遊戲規則、不是固定型思維的人。

我曾經見過一家特別與眾不同的網路公司，有一名員工出去自己創業。公司的老闆也算是一個有影響力的名人，他打電話給所有能聯繫到的投資人，告訴投資人他已經把這名員工拉黑了，不能投資這個人。而且老闆還告誡全公司的人要拉黑這名員工，也不許再打交道。

因爲在老闆的認知裡，員工離職創業的行爲是一種對他的背叛，讓他無法接受。因此，公司裡形成了一種特別奇怪的文化或共識，對離職創業的人，大家都說他們去讀MBA了。

在我看來，老闆將員工離職視爲一種背叛，是心智不成熟的體現，他把員工的

「忤逆」行爲解讀成一種對自己的不認可、不喜歡，所以他會生氣，進而做出偏激的行爲。

再說回集體意識。其實當一個人進入一個集體中，比如一個班級或一家公司，並不意味著他只能屬於這個集體，而且必須毫無保留地爲這個集體服務。案例中的老闆之所以會產生「被背叛」的認知，有一部分原因就在於他把公司當成一個大家庭，視員工爲自己的私有財產。

把這種自我認知強加到每一個人身上明顯是不合適的，商業市場最本質的目的是追求利益，我們無法也不應該讓每一個人都與公司產生親密關係。因此，我很不支持把公司形容爲大家庭的想法和文化，凡是具有這種想法的公司，最終的結果一定是「妻離子散」。

因爲家庭的特點是彼此之間相互包容，看得見優點，也容得下缺點。而且家庭成員之間存在血濃於水的感情基礎，大家幾乎都會無條件地支援彼此、包容彼此，以此爲前提的離開才稱得上背叛。

但在工作環境中，雙方是一種共創共贏的關係。員工達不到公司的能力要求，公司會開除員工；公司無法提供合適的薪資和長遠的成長前景給員工，他們則會離開公司，這是再正常不過的事情了。因此，正確的做法應該如網飛一樣，如果雙方不再適合，那麼就大方地給四個月或六個月的工資，讓員工離開。其實，從某種角度來說，這也是共贏的一種方式：讓員工追求符合心意的前途，公司再尋找更合適的人才。

正如一句電影臺詞說的一樣：「It's not personal, It's just business.」（與個人恩怨無關，這只是生意而已）。我們創辦、經營一家企業，本質就是追求更大的成就和更多的收益，一個比較典型的例子就是NBA。在轉會期，大家可以看到各種大牌明星轉會或被交易，比如歐尼爾、杜蘭特、哈登，他們是這顆星球上籃球技術和天賦最突出的一批人，之所以會被交易，就在於球隊老闆考量的是球員與球隊的匹配度。

因此，從這個角度來看，一家企業其實就是一支球隊，有人加入、有人離開都是再正常不過的事情。我們甚至可以認爲，讓一些人離開正是爲了使企業、球隊發展得更好，給他們追求更好的目標，創造更大的空間和可能性。

在我看來，此時是打造企業一致性的最佳時機。管理者應該告訴所有在職員工，這個人為什麼離開與他遇到了怎樣的狀況，而這個狀態可能出現在每一個人身上。換言之，其他人不適應或跟不上公司的發展節奏，一樣有可能離開。我們把所有的評價標準都講清楚，其實就是打造文化的過程。

如果管理者只是模糊地說他去讀MBA了，或者是他有個人的安排，很容易引起大家不必要的猜測，進而引發恐慌：公司是不是出問題了？大家怎麼都離開了呢？所以，不管是員工離職、管理層被降級，還是提拔、發獎金，都需要公開透明以安穩人心。

公開透明同樣是球隊的特點。每場比賽傳幾個球、有多少次助攻、跑動距離是多少，全部資料都量化地向每名球員公布。資料不會騙人，它真實地反映了球員在場上的狀態，是否能夠與其他人有效合作，是否積極主動，一看便知。反過來，透明的資料也會給球員合理的壓力，進而釋放他們的善意，使他們爆發出更強大的戰鬥力。

用透明破除慣性思維

當然，管理一家公司肯定無法做到如球隊一樣事無巨細地公開透明，但在合理的範圍內透明同樣能營造一支球隊的氛圍，讓大家都明白，公司是以資料說話，並未摻雜個人的情感和關係。

> 假設樊登讀書的某個代理已經做了很多年，成績一直都很好，但就是因爲他和我有很深的私交，所以大家就有可能選擇性地忽略他個人的成長和努力，只會認爲他是因爲和我的關係，得到了照顧才獲得今天的成就。在這樣的假設下，個人之間的情感就成爲一個人發展的阻礙。

很多人的思維都有慣性，經常習慣性地把兩件本來沒有關係的事情強行連接在一起。「因爲代理商與我有私人關係，所以他的成績都拜我所賜。」大家認眞思考這句話就會發現，前後根本沒有必然的因果關係。可是如果在現實中，有人突然發現我和代理商有私交，就會理所當然地認爲這個邏輯是成立的。慣性思維使我們盲目，進而忽略了部分事實。

破解慣性思維的方法很簡單，一是營運透明化，讓大家看到企業一步一步成長的過程。二是培養大家的批判性思維，這也是核心方法。具備批判性思維的人能更全面客觀地看待一件事情，能明晰是非對錯，而不會僅憑他人三言兩語就倉促地對一件事、一個人下最終的定義。

前面說到，透明化的經營方式會將所有人的所有動作、所有成績都暴露在太陽底下，此時管理者就需要面臨一個問題：該如何對待那些明顯有能力，但上進心不足的人呢？肯定會有人認爲要給予他們一定的壓力，這樣才能激發他們的工作積極性。我不否認這種措施的有效性，但我同時也認爲，在一個瘋狂世界裡，一個團體內存在一些「摸魚」的人是無傷大雅的，他們在一定程度上反而會增加公司的趣味性。我們要做的是，最大限度地激發他們的善意，一個被激發出善意的人就有可能拯救整個公司，帶領公司走出另一條 S 曲線。

第五章

學會批判性思維，做出正確決策

批判性思維是每一個人提升領導力的必經之路。只有做出和別人不一樣的東西，擁有與別人不一樣的想法，能夠透過獨立思考去沉澱，才會創造出價值。

管理需要批判性思維

在我過去的認知裡，鍛鍊領導力是一件嚴肅的事情，涉及的理念、工具和方法論都應當是可量化、可具體描述的。但是經過這些年的思考總結，我認爲除了嚴肅，要想搞好領導力這件事情，最重要的就是我們要相信批判性思維。

想要深刻認識領導力和批判性思維之間的關係，首先要切實地了解批判性思維在我們日常生活和工作之中是如何發揮作用的。

查理．蒙格和巴菲特共同組建了波克夏海瑟威公司，二人在投資領域和股市中縱橫多年，積累了讓人豔羨的財富和名聲。後來根據兩位大師自己的說法，他們之所以能夠在暗流洶湧的股市中倖存並獲得不菲的收益，最主要的原因就是他們戰勝了人類的貪婪和恐懼，即查理．蒙格總結的人類誤判心理學中的兩種情緒。

如果我們不糾結於某種具體的情緒，從一種比較宏觀的角度去觀察就會發現，查理．蒙格和巴菲特之所以會成功，就是因爲他們利用批判性思維發現了股民炒股時的心理缺陷——貪婪和恐懼，並加以改善，或者說避開了它們。這種思維放到管理者的自我修練當中同樣適用。

在日常的生活、工作場景中，當我們出於某些原因和其他人產生矛盾的時候，大多會因此而覺得這個人不好，並指出對方一些具體的人品或工作能力上的問題。但是過了三個月或半年之後，當矛盾煙消雲散，我們很可能會發現，其實他並沒有想像中的那麼糟糕和不堪。

之所以出現這種情況，主要是因爲我們被矛盾帶來的情緒所影響，武斷地對一個人下了定論。如果再進一步深究其本質，其實是我們的心理在作祟，我將之總結爲莫名的情緒和錯誤的歸因。

再回頭去看一下股市，爲什麼普通散戶的結局經常以血本無歸或被套牢而告終？大家都知道散戶常常會有一個行爲：追漲殺跌，這是一種典型的投機行爲，反映在心理層面就是貪婪和恐懼。受貪婪的心理影響，判定股市會繼續上漲；受恐懼的心理影響，會覺得股市可能繼續下跌，結果大概率都是鎩羽而歸。這種現象也符合我總結的：莫名的情緒和錯誤的歸因。

心理學與腦研究專家蓋瑞．馬庫斯在其著作《怪誕腦科學》中創造性地將一個電腦業術語「克魯機」（kluge）應用到了人類身上。克魯機的原意是指由不匹配的零件拼湊起來的系統或電腦。在《怪誕腦科學》中，作者傳達了一個認知：人類的大腦只是一個半成品，生理上的缺陷決定了我們無法成爲絕對理智、冷靜的人。

這一理論是有科學依據的，我可以給大家舉兩個例證。

部落效應

部落效應的根本邏輯就是人類缺乏足夠的理性，當我們身處一個國家、一個城市或某一個血統認知中時，我們會忽視一定的客觀因素而極力地維護這個「部落」。這是一種來自原始社會並刻在本能中的行爲，它的發端是原始人類面對蠻荒環境和社會時的無助和恐懼。

批判性思維要求我們全面客觀地看待部落效應。在現代商業社會的競爭中，部落效應能夠在一定程度上增強企業內部的凝聚力和向心力，但是在與他人合作時，如果我們一味地維護集體的利益，反而不利於長遠的發展。因此，我常和樊登讀書的同事講，雖然咱們都代表了自己的集體，但在對外合作時，沒必要過度維護樊登讀書的利益，很多時候，退一步才能海闊天空。

此外，受部落效應的影響，當一個人進入某個集體時，爲了更能融入其中，他會不由自主地表現出「取悅」行爲，比如在言語上奉承他人或在行動上討好他人。長此以往，這類人會變得毫無主見、隨波逐流，甚至不敢產生與集體不同的想法，因爲害怕被集體淘汰。這同樣是批判性思維所不提倡的。

從衆行爲

從眾行爲是指在大環境或「部落」壓力的影響下，放棄自己的堅持，改變自己的意見，順應大多數人觀點的行爲。一九三〇年代的時候，社會心理學家謝里夫曾做過一個名爲「自動效應」（autokinetic effect）的實驗。實驗結果表明，我們對外界的認識會受到他人和集體認知的影響，上文中提到的股市中的追漲殺跌就是典型的從眾行爲。爲了更加理解這一行爲，大家可以做一個實驗：

正常情況下，大家在電梯裡都是面朝電梯門站立，沒有人會認爲這樣做存在問題。但如果讓幾個人背對著電梯門站立，去觀察實驗對象（後續進到電梯不知情的人），就會發現他們大多會表現出不自知、不舒服的狀態，然後很可能會轉過身，同樣背對電梯門站立。

心理學家做了很多實驗，證明了大多數人沒有思考能力的時候就會被周圍的東西所裹挾。所以批判性思維對我們每一個人來講，就是你提升領導力的必經之路。在原始社會的時候，我們不追求和別人不一樣，是因爲追求跟別人不一樣是死路一條。但是現在你要是想和別人都一樣，那才是死路一條，因爲現在這個社會沒有那麼多洪水猛獸，沒有那麼多生命危險，我們現在要面對的是：你只有做出和別人不一樣的東西，擁有與別人想法不同的東西，能夠透過獨立思考去沉澱，你才會創造價値。

所以這就是今天大量的公司、大量的打工人越過越艱難的原因——我們依然在保持著過去的慣性，依然在保持著過去這種對安全感的過度追求和執著，然後導致自己做了很多其實並不正確的事。

鍛鍊批判性思維的四個維度

批判性思維對於領導力，就如同文化、價值觀對於一家企業的巨大作用，它指引了領導力成長的路徑。

這也是我會強調批判性思維是領導力不可或缺的一部分，它是可以幫助管理者打破種種慣性思維的束縛，獲得眞正有效的領導力的原因。

想要掌握批判性思維，獲得獨立思考的能力，需要從思維的全面性、公平性、勇敢性和科學性四個維度入手。

思維的全面性

批判性思維需要具備全面性，我們不能單純地被眼前的現象或資訊所左右，應當從多元、不同的角度出發思考問題。舉例來說，在所有交通工具中，最讓人懼怕的是飛機，因爲飛機飛在萬米高空，讓人失去了腳踏實地的安全感，而且一旦出現事故，生還的機率幾乎爲零。在腦科學中，這種現象被命名爲「顯著性」。

但是，有權威的統計資料顯示，從事故發生率來看，飛機是目前最安全的交通工具，甚至比大家坐在家裡的客廳中還要安全。

在英國廣播公司任職近二十年的記者麥可．布拉斯藍德曾與統計學家、風險問題專家大衛．史匹格哈特爾合著過一本書，名爲《別說不可能》。書中，兩個人把騎摩托車、騎自行車、開汽車、坐在家裡和坐飛機等幾件事情按照危險程度進行排序，其中，最危險的事情莫過於騎摩托車跑高速公路，其次是騎自行車，然後是開汽車，接下來就是坐在客廳裡。可能會有很多人不理解最後一項，因爲在人的潛意識裡，「家」是最溫暖、最安全的地方。但客廳的危險就存在於你的「意識」

之外，例如：你滑一跤，摔倒了；你們家魚缸被打破了，碎片劃了你的脖子；吊燈掉下來，正好砸在你的腦袋上。家裡也會出意外，但是我們「感覺」在家裡邊很安全，坐飛機很危險。

事實上，飛機最安全，但是我們每次送人到機場，都會跟上飛機的人說一路平安。實際上這應該是那個人對我們說，因爲我們從機場的回程，比他坐飛機的途中要危險得多。

但是我們的大腦沒有這樣的反應，不會這樣提醒自己什麼是對的、什麼是錯的，我們特別容易被這些顯著性的事情帶偏、被眼前的事物帶偏，這就是我們沒有做到思維的全面性。做到思維的全面性就意味著，你能從很多不同的角度來思考同一個問題。

思維的公平性

《大亨小傳》是費茲傑羅的一部非常有名的近代小說，很多人應該都看過或聽說過。這部小說的開篇講述了一個道理：永遠不要輕易評判任何一個人，因爲你不知道對方的經歷是否與你相同，是否建立了與你相似的認知。客觀、公正、理性地看待一個人、一件事，就是批判性思維中公平性極爲重要的一點。

當記者的經歷讓我明白了一個道理：這個世界上絕對的壞人很少。一些新聞中的當事人看似做了不可饒恕的事情，但從某種角度來看也情有可原，因爲每個人都有自己的心路歷程和難言之隱。

> 以《大亨小傳》中的主要角色之一蓋茲比爲例，如果從尼克．卡拉威的視角出發，那麼他就是一個揮金如土、只爲追求眞愛的大富豪。但是在湯姆．布坎南的眼中，蓋茲比則是一個搶奪自己妻子的低劣酒販子。

大家可以發現，在兩個不同人的視角中，蓋茲比有了兩種截然不同的人設。之所以會這樣，原因在於蓋茲比對尼克很友善，邀請後者參加了他無法涉足的高級奢華舞會。但是對湯姆來說，蓋茲比不僅是自己瞧不起的低等出身，從事的也是違法的走私事業，更爲關鍵的是，他是自己的情敵，因此湯姆對蓋茲比惡語相向也是自然而然的事情。

對於這兩種不同的解讀，我們可以認爲都是對的，也可以認爲都是錯的，但毋庸置疑的一點是，它們都無法完全定義蓋茲比。由此可見，所謂思維的公平性就是要摒棄自身對於一個人、一件事的偏見，從一個更加全面、更加客觀的角度去觀察和思考，才能得到一個較爲接近眞相的結論。

在日常的工作和生活中，我很少與人發生矛盾，所以會有人認爲我沒什麼底線，事事皆可退讓。但事實並非如此，我之所以選擇「退讓」，是因爲我覺得對方有道理，他提出的要求、所做的事情、所說的話站得住腳，能讓我信服。

許多公司的管理者在處理員工之間的矛盾時，經常會聽到這樣的抱怨：「他根本就沒理解我說話的意思」「他爲什麼不能爲我想一想」。其實公司裡的這些麻煩和矛盾究其根本都是雙方缺少了換位思考這一步，每個人都希望對方能站在我這一方的角度來設想，導致每個人都不會站在對方的立場上思考，就像用兩條繩子的一端繫成的死結。解決的辦法很簡單，只要我們培養思維的公平性，努力成爲首先爲對方思考的人，那麼這個「疙瘩」就迎刃而解了。

思維的勇敢性

思維的勇敢性就是你得敢想、你得敢做、你得敢於和別人不同。我們經常說要做到「十倍好」，前文我曾詳細講「十倍好」這個工具。很多人根本就不敢想「十倍好」，他覺得這不可能——別人都沒解決的事被我解決了，別人做不好的事被我做到「十倍好」了，這可能嗎？

了解歷史的人可能會發現一個十分有意思的事情：解決大問題的人往往都是Nobody（無名小卒），他們會突然從某個地方冒出來，不僅解決了問題，還做到了

「十倍好」。比方說，曾引發十八世紀工業革命的蒸汽機，提到蒸汽機大家第一時間想到的可能是瓦特，但嚴格來說他只是改良者，而非發明者。那些發明蒸汽機的人，比如希羅（古希臘數學家）、丹尼斯·帕潘（十七世紀法國物理學家）、湯瑪斯·塞維利（十七世紀晚期英國工程師）、湯瑪斯·紐科門（十八世紀初英國工程師）等，也許在專業人士或史學家的眼中他們都是大名鼎鼎的人物，但在普通人眼中，他們遠不如瓦特出名。然而，他們是「十倍好」地提升了自己所處時代的勞動力，實實在在推動了歷史的進步。

如果要給思維的勇敢性找一個「代言人」，非愛因斯坦莫屬。

在愛因斯坦發表了狹義相對論之後，人們都極爲佩服他，認爲他很了不起。這時候他又表示，將進軍廣義相對論。大多數的非專業人士可能只是聽說過這兩個理論的名字，但對它們的含意和意義並不了解。簡單來說，狹義相對論研究的是物體在均勻高速直線運動下的變化，比如光以每秒三十萬公里的速度移動。相對的，廣義相對論研究的則是變速運動，即大質量的物體在加速運動的過程中會發生的變化。

當愛因斯坦提出廣義相對論這一研究方向後，第一個寫信給他的人是普朗克，他是愛因斯坦的老師，同時也是愛因斯坦的朋友。當時普朗克已經發表了普朗克公式，成爲舉世聞名的物理學家。

普朗克在信中勸誡愛因斯坦放棄廣義相對論的研究，原因主要有兩點：第一，這項研究過於複雜，複雜到遠遠超過了愛因斯坦數學能力所能達到的範疇，如果最後一事無成，那麼愛因斯坦的一世英名就有可能毀於一旦。第二，即便能做出研究成果，這個世界上也鮮有人能夠看得懂。所以普朗克認爲，廣義相對論的研究對愛因斯坦來說，有百害而無一利。

然而，愛因斯坦回信說，正因爲如此，他才要這樣做。

站在後人的角度來看，這種明知山有虎、偏向虎山行的氣魄和勇氣十分了不起，完美地展現了思維的勇敢性，敢想敢做，哪怕是「冒天下之大不韙」。不僅僅是這些偉人，在現實生活和工作中我們普通人同樣需要具備這種勇敢性。比如身爲一名管理者，當你想要用一款新的產品或服務去引領市場，就必須敢於挑戰使用者和市場的消費慣性，這樣才有機會引領新的消費趨勢。

思維的科學性

在講解思維的科學性之前，我們首先得了解什麼是科學。科學最重要的特徵就是可證僞性，比如人類大腦，科學家能用儀器研究腦波，測量大腦中分泌的神經傳導物質。再比如從尿液中提取人類分泌的神經傳導物質的比例，用這個比例來衡量一個人是否處於緊張狀態。此外，科學家還能從尿液中提取到皮質醇、多巴胺、正腎上腺素等物質，並用它們來判定一個人的狀態。以上這些研究都符合科學性。

然而，這個世界更多的元素和內容是不符合科學性的。舉個例子，孔子說：「君子求諸己，小人求諸人。」（《論語．衛靈公篇》）所有人都認同這個道理，但我們卻無法展開一次嚴謹科學的實驗去證明它，因爲持續地觀察君子和小人的一生，然後做對比的方式明顯是不現實的，更爲關鍵的是，我們根本無法定義一個絕對的君子和一個絕對的小人。連實驗對象都找不到，實驗當然也就無從談起。所以我把這些內容叫做智慧，它處在超越科學的層面。

但毫無疑問的是，批判性思維需要科學性。它的重要作用在於讓我們明白什麼叫「可證僞性」，進而促使我們不會輕易地相信許多透過歸納法得出的結論。

> 在某個領域內，有三家公司使用同一種模式都獲得了成功。如果此時你也有進入該領域的意向，你會怎麼想、怎麼做？大多數人都會選擇直接套用這種模式，但眞實情況是，你可能沒注意到，有另外十多家公司運用這種模式並沒有成功。這就是所謂的「倖存者偏差」，只有活下來的公司才有機會被你注意到。

講到這兒，我想問大家一個問題：爲什麼我們會如此輕易地受到倖存者偏差的影響呢？有很大一部分原因是我們採用了簡單的歸納法。

相信大家都或多或少聽說過或見過一些所謂的「神醫」，一些地方電視台經常會邀請這些人上節目，順便銷售商品。之所以會出現這麼多「神醫」，最主要的原因是他們不可證僞。比如神醫給某位患者治病，結果病情並沒有好轉，此時神醫會說什麼呢？很有可能會把原因歸咎到患者身上，例如：「我這個方子很精細，你沒有完全按著方子吃，所以沒效果」，又或者「你是特例，和其他患者不一樣，我的方子針對的是普通患者」，然後再列舉三、五個「有效果」的病患。這些人總是能針對不同的情景給出不同的解釋，所以很難證僞。而那些上當受騙的人，大都是對這三、五個「有效果」的案例做了簡單的歸納並信以爲眞。

這兩個案例都從側面證明了批判性思維中科學性的重大作用，它確保了我們在思考問題時的嚴謹性，讓我們不會僅僅根據少量的資料或案例得出最終決定性的結論。

下面我來回答大家都比較關心的問題：爲什麼批判性思維和領導力的關係緊

密呢？

全面性能夠讓你有能力從全域角度獲取資訊，建立起對事物的全面認知，爲規畫發展道路打下堅實基礎。公平性則培養了你審愼思考的能力，不偏聽，不偏信，更公平、公正、合理地處理自己與其他人或事的關係。勇敢性，顯而易見，能夠從內心深處給予你巨大的勇氣，讓你敢於嘗試，敢於改變。科學性則建構了你認知一個人、一件事時愼重、嚴謹的態度，讓你不會急於下定論。

控制杏仁核，用大腦皮質做事

領導力在我看來就是一種反人性的東西，或者說是一種人性昇華的東西，因爲它需要對抗我們人類使用「杏仁核」（又稱杏仁體，是產生、辨別、調節情緒的腦部組織）做事的衝動天性。人類學的研究表明，我們的很多本性、情緒都是受杏仁核控制的。比如當員工在公司內無法獲得安全感和歸屬感，開始在言語和行爲上攻擊別人時，就是杏仁核在發揮作用；當員工缺少上進心，當一天和尚撞一天鐘時，也是杏仁核在發揮作用；當員工對眼前的環境、同事、工作內容表達不滿，整天抱怨其他人不理解自己時，依舊是杏仁核在散發「魔力」。

杏仁核就是人的本性，它最主要的職責就是掌控兩件事：戰或逃。

如果大家透過「杏仁核」的角度來審視自己的生活和工作就能發現，被杏仁核控制的戰或逃的行爲其實有很多。

有這樣一則新聞，主角是一位空少。這位空少在一次飛機落地之後，直接打開了飛機的安全艙門，放下了危急時刻才會使用的滑梯，直接滑了下去，然後大聲宣布自己辭職了。這是嚴重違反公司安全條例的行爲，後果非常嚴重，他也因此被拘留了好幾天。不過，他在這樣做的時候也已經想到了這種後果，而且他的目的就是辭職。這就是一種「逃」的行爲。

這樣的行爲並不是特例，相信很多職場白領都曾有過類似的衝動，尤其是在遇到來自公司和工作的壓力、矛盾或刁難的時候。但如果大家能夠平心靜氣地想一想，眼前的工作其實並沒有痛苦到讓人發瘋的程度，一個人如果做出了發瘋的任性行爲，更多的還是受到了自我內心的影響，外在環境只不過發揮到推波助瀾的作用。比如《悲慘世界》中的尚萬強，爲了養活姐姐和她的七個孩子，拚命工作卻只能換取微薄的薪酬，但是他並沒有發瘋。《平凡的世界》中，孫少平爲了承擔家庭的重擔去煤礦當礦工，同樣沒有因爲來自生活的巨大壓力而發瘋。可見，如何對待眼前的工作，取決於如何認識它。

戰或逃的心理一旦形成，會給我們帶來很大的影響。而且，建立這種心理的過程十分容易受到他人的影響。如今有很多管理者喜歡給員工洗腦，比如他們會對員工說，現在的工作環境極爲殘酷，跳槽換工作的風險很大，目的就是營造員工緊張、害怕的心理，讓他們不敢輕易地辭職。我不支持這種做法，這對員工太不公平。我會告訴大家，如果條件允許，辭職去創業或許對你們的前途更加有利。

管理者想要獲得領導力，一定要戰勝自己的杏仁核，避免它過度影響自己，即要用大腦皮質而非杏仁核做事。大腦皮質主要掌控的是我們的幽默感，一個人能夠開玩笑、講笑話，就是大腦皮質在發揮作用，如果他很緊張，就很難有想笑的情緒。此外，思維邏輯、好奇心、同理心能力等，都來自放鬆的大腦皮質。

我之所以要強調「放鬆的大腦皮質」，是因爲它和杏仁核之間的關係十分奇妙。大腦皮質的生長發育與壓力的大小成反比，即壓力大的時候，大腦皮質會停止發育，反之則正常發育。在實際的工作環境中，杏仁核發達的人特別好辨別，他們有一些特點，比如看起來十分有幹勁，但也非常容易崩潰、容易放棄，無法有效控制自己的情緒。相對的，如果是大腦皮質發達的人，可能看起來對任何事都無所謂，但做事時思維沉穩，願意思考問題、解決問題。

因此我們應當練習去掌控杏仁核，讓大腦皮質有效發育。

從這個角度來看，經營一家企業，面對殘酷的市場競爭，本質上比拚的就是企業管理者對大腦皮質、杏仁核的掌控能力。

相信大家都看過不少家長陪孩子寫作業的影片，家長因爲孩子不會做他們看起來特別簡單的題目，就氣得抓耳撓腮，甚至身體健康出現問題。之所以出現這種情況，就是因爲這些家長沒能掌控自己的杏仁核，任由憤怒、不滿等負面情緒擴散。而大腦皮質處於被壓抑的狀態時，積極的情緒就得不到舒展，結果導致無法正常冷靜地思考。其實在我看來，孩子解不出一些題目是再正常不過的事情了，要不然學習的價值從何體現呢？

當我們反思這些事情時就會發現，我們需要爲培養大腦皮質營造一個低壓、放鬆的環境，讓後者主導我們做事的邏輯。

大家再回顧一下家長輔導孩子做作業的場景，我們已經分析了家長，如果從孩子的角度再去看待這個場景，便可以發現父母的負面情緒會給孩子帶來巨大的負面影響，會導致他們花費更多的心力去觀察、照顧父母的情緒，避免他們再一次「爆炸」。如此一來，恐懼、驚恐、壓力會反作用到孩子的學習上，形成一個消極的死循環。

這種親子關係完全可以對應到職場中，各位管理者一定要認眞思考一個問題，就是自己在與員工的往來過程中給他們留下了怎樣的印象或形象。一般來說，老闆的形象可以分爲兩種。

杏仁核式老闆

和大家分享一件家庭趣事。在嘟嘟小的時候，有一次他看到我家門口的一個招牌，就一直喊「京八別黑鳥」。我聽了十分好奇，想什麼是「京八別黑烏」？過去一看發現他只讀對了一半，即把「京八珍熏雞」讀成了「京八別黑烏」。孩子的這種行爲，放在任何一個家庭中，都會是一個特別美好的回憶，也從來不會有人對一個孩子說：「你念得不對，站在這兒跟我念十遍。」如果家長眞的如此較眞，極有可能對孩子造成很大的心理壓力。

你也許看過《士兵突擊》，這是一部十分優秀的軍旅題材電視劇。許三多在參軍之前，在父親許百順「打擊式」的教育下目光呆滯，膽小懦弱，話說不好，甚至不敢正眼看人。如果不是班長史今把許三多帶進了部隊，那麼後者的一生就已經定型了。這就是心理壓力對一個人人生的影響。

再說回企業管理，如果老闆是一位情緒容易失控的「父母」，一如許三多的父親，那麼員工可能會變得謹小愼微，時刻提心吊膽，害怕老闆發飆，進而就會把絕大部分精力花費在琢磨老闆的心思上，想方設法讓老闆的情緒能夠保持在「爆炸點」以下。

這種情況一旦形成，便會影響各個環節的工作效率。比如員工提出了一個方案，被老闆出於某些原因否決了，員工極有可能把老闆的行爲解讀爲一種批評、指責或否定，就如同被父母批評、嚇到的孩子一樣，進而影響接下來的工作。大家試想一下，一個充滿壓力的工作環境，一群主要心思不在工作上的員工，再加上一位「易燃易爆」的老闆，企業的前景會怎樣呢？

大腦皮質式老闆

如果老闆成功控制了杏仁核，以大腦皮質主導與員工的互動，老闆就能夠表現出足夠的通情達理和善解人意。當老闆能夠體諒員工的困難與不足，並給予即時的鼓勵和幫助，自然就會營造出一種低壓和舒適的工作環境，這對員工大腦皮質的發育也是非常有益的。他們不用在取悅老闆這件事上花費精力，工作積極性和上進心都會被極大地調動起來，也會把大部分精力放到自身成長和工作上。

一個大腦皮質活躍的員工能爲企業帶來的價値遠不只他表現出來的工作能力，

他們往往可以與其他人建立積極友善的關係，爲他人與整個團隊帶來有促進作用的正能量。更關鍵的是，如果仔細觀察這類人，你會發現他們永遠在提出新想法、新方案，攻堅克難的路上也少不了他們的身影。

在人類大腦邊緣系統的構成中，杏仁核只是不起眼的一個小組件，但它帶給人類的影響——憤怒、貪婪等負面情緒的產生——卻是巨大的。杏仁核就像是一頭無意識的野獸，如果人類攥緊韁繩，就可以成爲它的主人，否則就會遭反噬。由此可見，對一位時刻能影響員工、公司發展和前途的領導者來說，控制自己的杏仁核就顯得尤爲重要了。而大腦皮質更像是一匹馴順的坐騎，在不被壓制的情況下能給我們帶來很多積極情緒，比如上述提到的幽默感、好奇心、邏輯等。

因此，一名合格的管理者，或者說成熟的領導者，一定要做到自我掌控，控制杏仁核，用大腦皮質做事。

讀懂人類誤判心理學，掌控大腦思考系統

人類誤判心理學是領導力極爲重要的一個組成部分，它讓我們懂得了一些日常工作中難以察覺的錯誤想法。以它爲橋梁，管理者更能觸達員工的心理領域，進而在員工出現各種問題的時候可以迅速洞察到根本原因，並找到對應的解決方法。

方法一：感受慢的優勢

《快思慢想》一書由二〇〇二年諾貝爾經濟學獎得主丹尼爾·康納曼撰寫，系統化、體系化地梳理了人類誤判心理學的知識和核心，這本書在問世後的十年時間

裡，成爲美國幾乎所有與心理、領導力、自助類暢銷書的理論支撐。

康納曼在書中提出了一個理論，即人類的大腦有快與慢兩種運作方式。「快」是指無意識的系統一，它能夠根據我們已有的經驗、記憶、本能等元素，對正在發生的事情做出迅速的判斷，也可以理解爲一種下意識的反應。但系統一是典型的經驗主義者，而且頑固地堅持「眼見即爲事實」的理念。此外，恐懼、貪婪、樂觀、偏見等心理或情緒也會嚴重影響系統一判斷的客觀性和準確性。

「慢」對應的是系統二。系統二之所以慢，是因爲它會調動注意力來解讀、分析眼前的情況，然後才會做出決定。慢的優勢在於，它給人們留有足夠的思考時間，保證了批判性思維的全面性、公平性、勇敢性和科學性，在一定程度上提升了決定的準確性。因此，大家在培養批判性思維和領導力時，應當更多地調動系統二去思考，而不是任由系統一掌控大腦。

在講領導力課程的時候，我一直和學員們強調，掌握領導力的一大前提是具備深刻的自我反思能力。同時我也強調，反思並不意味著持續不斷地給自己挑錯，甚至過度地自我貶低或自我指責。換句話說，在反思時，我們需要以系統二作爲主導，不能讓「心直口快」的系統一批評我們。

用杏仁核（也就是用本性）做事的人，他們反思、改變的節奏大多是：首先意識到自己的錯誤，然後自我批評，之後是制定改正措施，一般而言也會立一個flag（這裡指目標），但最終的結果卻是沒有任何實質性的改變。接下來，他們會進行下一輪的自我反思，又立flag，然後又一事無成，如此循環往復。之所以會出現這種情況，是因爲他們受到太多他人的批評或消極評價，進而把反思、定目標當成一種自我保護的手段，而不是自我進步的階梯。

眞正有效的反思應該分三步進行。第一步是意識，即察覺到自身存在的問題。第二步是接納。我想要強調的是，很多受系統一支配的人會下意識地抵制問題，或者爲問題的存在找各種各樣的理由來欺騙自己，如果我們連接納、承認都做不到，那麼即便問題解決了，又有什麼意義呢？所以鼓起勇氣接納問題是非常重要的，這同樣是批判性思維勇敢性的一種體現。第三步是嘗試，要不斷地嘗試，一種方法不行就換另一種，直至問題得到解決。

給大家舉一個生活中的例子：戒酒。有個人嘗試了很多辦法戒酒，但是最後都失敗了，然後他跑去和醫生講自己失敗了，戒不掉。醫生的高明之處在於，並沒有評論他失敗的原因，也沒有講人生和健康的道理，而是直接給了他兩個選擇：第一個選擇是承認戒酒失敗，就此放棄；第二個選擇是接納已經失敗的事實，但要再接再厲繼續嘗試。這個人選擇了第二個建議，最終戒酒成功。

我們能學會任何一項技能、做成任何一件事，其實都來自不斷地失敗、不斷地站起來繼續嘗試。試想一下，我們小時候學走路的時候，摔跤是再正常不過的事情了，如果因爲怕疼就選擇放棄，很可能一輩子也學不會走路。

再比如學習一門語言，可以肯定地說，中文絕對是全世界最難學的語言之一。英文只有二十六個字母，無非就是不斷地相互組合，相對來說比較簡單。但中文僅常用字就用三千多個，不同的漢字相互組合又有不同的含意，所以很少有外國人能把中文學得特別透徹。

透過這個對比，我們可以從某種角度來解釋一種現象，即學校裡很多孩子之所以學不好英語，最關鍵的原因就是，系統一在孩子接觸英語的第一時間就告訴他們英語很難學，而家長和老師的批判也增加了他們對英語的抵觸心理，因此學著學著就放棄了。孩子學走路、學英語是這個道理，延伸到企業管理者在學習經營、培養領導力的時候也是如此。對此，我們可以把系統一、系統二與杏仁核、大腦皮質對應起來理解。如果管理者以系統一思考問題，即快速地下定論、做決定，必然很難做到全面和客觀，而此時受杏仁核控制的負面情緒也會擴散。比如很多管理者會因爲某一次工作失誤，或者某一階段的工作失利，就認定一個有前途的員工能力不足，進而對他產生厭惡，甚至開始打壓，這對企業的發展無疑是極爲不利的，管理者自身領導力的提升也將遇到巨大阻礙。

因此，在培養領導力這件事上，系統一就像一面巨大的鏡子，可以讓我們時時自省、反思。相對應的，系統二才是主力武器，它讓我們保持冷靜、專注思考，進而促進大腦皮質的發育，最終成爲一名大腦皮質式的老闆。

方法二：過濾干擾資訊，堅定自己的信念

很多人讀過《窮查理的普通常識》，在這本書的最後一章中，查理．蒙格提出了二十五種很常見但又不易察覺的錯誤心理。比如普通的股民之所以很難賺到錢，就是因爲任由杏仁核「作威作福」，進而被市場變化帶來的恐懼所掌控，看到股票下跌時，根本不敢進場。但是實際上，空頭掌控股市時或許才是購買股票的好時機。當然，這只是婦孺皆知的理論，也就是低買高賣，到了用眞金白銀操作的時候，股市又變得變幻莫測難以捉摸。因此，常見的情況反而是高買低賣，所謂的「韭菜」就是這麼誕生的。

因此，如果想在股票市場中賺到錢，就必須有像查理．蒙格或巴菲特一樣的粗神經，它的典型特點就是泰山崩於前而色不變。他們很少被市場或環境影響，始終堅持自己的判斷，即使在被質疑的時候。比如在二〇〇七年到二〇〇八年這段時間，整個科技股市場的上漲形勢非常迅猛，巴菲特卻不爲所動。當時他手裡持有的包括可口可樂在內的多檔股票表現平平，因此出現了一些風言風語。但是，在度過

漲跌起伏的週期之後，大家才猛然發現，巴菲特的年收益高達一九%。更難能可貴的是，他這條堅持自我的路一直走了五十多年。

巴菲特跨越漲跌起伏週期的行爲，就是我們常講的穿越週期。大家一定要明白，做到穿越週期是一件極爲困難的事情。最關鍵的就是保持心態平穩，不被市場短期走勢、他人的判斷與其他紛雜的資訊所干擾。簡單來說可以用九個字概括：堅持自我，不盲目跟風。

著名主持人曹可凡老師之前對我做過一次採訪，在交流的過程中，曹老師對我說，樊登讀書跟上了知識付費的風。我馬上糾正說，我們不是跟上了這個風，而是創造了這股風。樊登讀書從來沒有盲目跟隨過什麼趨勢，我們一直堅定地走在自己的道路上。

可能有人會說：跟隨已有的市場趨勢也可以成就一番事業。在一定程度上我是承認這種觀點的，因爲透過這種方法成功的案例確實很多。但正如我在前面提到的一個認知謬誤：倖存者偏差，大家只看到了活下來的公司，卻不知道倒下去的其實更多。所以我才會強調，企業管理者一定不能有跟風思想，沒有人知道市場的波峰和波谷會在什麼地方生成，我們能做的就是堅守自己的信念，做自己該做的事。

不知道大家發現沒有，「慢」和堅定自我其實是相輔相成的。縱覽所有能夠爲人稱道的成功，很少有一蹴而就的，換句話說，偉大的事業需要長久的努力和堅定不移的信念，穿越股市週期如此，培養領導力管理好一家企業也是如此。

人類誤判心理學的巨大價值在於，它一方面給我們提供了一個觀察自我、反思自我的範本，讓我們明白錯誤的根本原因。另一方面，它又是一個放大鏡，幫助我們發現企業、員工存在的問題。這裡要強調一點，發現他人問題的初衷和目的是找到解決方案，對相關內容加以改善，而不是以問題爲把柄去批評、打壓他人。歸根結柢，人類誤判心理學是我們心中的一個「提醒器」，督促我們多使用系統二，「慢」而堅定地走自己的路。

第六章

成爲優秀的管理者，讓人才爲我所用

管理者的重要使命是培養人才，讓人才在自己的手中發揮最大的價值和作用。透過獲得信任，搭建團隊，掌握培養員工的有效時機和手段，實現管理者的自我成長。

管理者的角色是透過他人來完成工作

管理是一項多元化的工作，管理者是一個複雜的角色。相較於普通員工，管理者工作的重心在於「管理」二字，所以我以前在講可複製的領導力時，一直強調身為管理者一定要即時有效地完成溝通的任務，讓大家對目標及其具體內容建立一個清晰明瞭的認知。這是管理者身為溝通角色的一面。

培養他人是借助他人完成工作的前提

扮演好了溝通角色，並不意味著我們就成了一名優秀的管理者。任何一款即時通訊App（應用程式）都能勝任傳遞資訊的角色，但App代替不了任何一名管理者。大家仔細思考「管理」二字，分開來解讀就是「管」和「理」。其中「管」的內容包括但不限於給員工分配任務、傳遞目標與確保人職匹配等，它更偏向於實際的工作。而「理」則是理順員工與公司、與目標、與管理者，以及與自身的關係，比如激發善意，它更注重心理層面的因素。

不管是實際工作還是心理層面的因素，管理者的工作都與員工息息相關。從這個角度來說，我認爲管理者的定義是，要學會透過別人來完成工作。這個定義一點都不玄妙，而且聽起來似乎沒有什麼道理。但是大家參照自己的工作經驗和見聞認眞想一想就會發現，一個知道透過他人完成工作的領導者和一個不知道這個定義的領導者，兩者之間存在著巨大的差距。

人們對後者的印象一般都是身先士卒，事事追求親力親爲。如此管理的好處在於十分接地氣，確保了一切盡在掌握之中，工作推進也會比較快。對管理者來說，掌控一切細節和進度意味著很強的安全感，而且還可以極爲精確地分配人員和工作，節省員工成本。

但是相對的，如此行事也會給組織帶來許多阻礙，如果用一個詞來概括，那就是「成長」。人一天的時間是有限的，如果被具體事物占用了太多的時間，管理者就沒有餘暇空間來放空自己，做同樣重要的務虛思考。大家要明白，管理者能力的成長應該更偏重於領導力，而非太過於強調具體的某一項能力。

從員工的角度來講，員工大多不會喜歡和接受這種管理者。若管理者親力親爲地過問所有任務的每一處細節，一方面員工必然會產生一種不被信任的感覺，甚至可能會開始懷疑自己的能力是否存在問題，這對員工的成長來說是極爲不利的。另一方面，即便員工不會自我懷疑，管理者的這種行爲也會嚴重阻礙員工的成長。

很多人應該發現了其中的矛盾之處，管理者勞心勞力最終卻得到一個吃力不討好的結果。其實歸根結柢，我認爲還是管理者要擺正自身心態。公司是一個相對開放的環境，前途究竟如何是要靠所有成員齊心協力共同創造的。管理者干預每一項任務的做法看似減輕了員工的負擔，提升了工作推進的效率和速度，但很明顯的，這只是短期利益，甚至只能稱爲某個專案的利益。

同時，管理者沒有務虛思考，領導力自然也就難以成長；員工的鍛鍊空間被壓榨，同樣無法完成成長。長此以往，公司的發展與成長必將受到限制。

再回到我對管理者的定義，即透過別人來完成工作，實際上它眞正的含意是，一名管理者在保證完成工作指標外，永遠都有一個極爲重要的任務：培養他人成長。我用了一整章的篇幅講解「釋放員工善意」，其本質同樣是推動員工成長，即便把它放在管理者工作的首位也不過分。在這方面，歷史上有很多值得我們學習、借鑑的名人。

首先是諸葛亮。我在讀《三國志》時發現，如果用商業的眼光去看待諸葛亮，那他一定不是一個優秀的領導者。大家都知道，如果用一句話概括諸葛亮的一生，那就是「鞠躬盡瘁，死而後已」。每一場戰役的每個細節，他都想抓住，很少留給其他人成長的空間，這就導致到了蜀國後期，諸葛亮幾乎無可用之人。趙雲年事已高，仍在做先鋒官；有戰略思維和能力的魏延卻得不到重用，他做的幾乎所有決定都被諸葛亮推翻了，後來魏延也因爲種種原因被殺掉了。蜀國最終的結局就是「蜀中無大將，廖化作先鋒」。

其次是劉邦。大家可能都知道，劉邦有一句口頭禪：「這件事該怎麼辦呢？」從聽眾的角度來看，這是一個很開放的問題，給了自己的謀臣、將領足夠的發揮空間，所以他能夠擁有張良、陳平、蕭何、韓信等一大批運籌帷幄、決勝千里的人才。

再看看劉邦最大的對手項羽。其實劉邦特別懼怕項羽，因爲後者十分厲害。然而，歷史的結果告訴我們，雖然劉邦與項羽打仗幾乎沒怎麼贏過，但前者的地盤越打越大，人才越打越多，原因就在於項羽剛愎自用，難以信任自己的手下。

綜觀任何一個集體的發展，優秀的管理者都十分重要。一名優秀的管理者能有效地催生出源源不斷的新鮮血液，推動集體一步一步地走向目標。因此，一個管理者的管理能力高低，絕對不能僅僅簡單地按其業績產出進行評價，還要觀察他所領導的團隊內部人員的進步情況，否則良好的業績只能證明他有出眾的業務能力，但沒有出色的領導能力和管理能力，而後者才是我們應該注重的要素。

學會理事，學會管人

市場中存在一個很奇怪的現象，即有一些人在職務上明明取得了不俗的業績，卻一直無法百尺竿頭更進一步。這其中的原因很簡單，因爲他對這個職務來說過於重要，其他人很難取而代之，換言之，他沒有培養出一個能取代他的優秀人才，也就是沒有引導人才成長的能力。

我在北大上課的時候有一個學生，他曾經任職星巴克的人力資源總監。他和我講過一條星巴克人力資源體系中的規則：一名店長想要升任區長需要滿足一個先決條件，那就是他所在的門市內至少得培養另外兩名店長，否則就證明他只有店長的能力和素質，無法勝任區長的職務。

全球五十大管理思想家之一的艾米妮亞·伊貝拉在她的《破框能力》一書中闡明過一個觀點：如果管理者被自己的能力限制住，那麼他就無法有效地鍛鍊員工，培養人才。眾所周知，培養他人成長是一件極其消耗時間、精力和資源的事情，因為其中牽涉到另一個知識點：時間管理。在我看來，將時間管理和管理者角色結合起來是十分重要的。

學習過時間管理的人應該都知道，我們可以根據事情的重要及緊急程度把它們分為四類（如【圖6-1】所示）：既重要又緊急、重要但不緊急、既不重要又不緊急、不重要但緊急。梳理清楚後，我們應該重點關注的其實是「重要但不緊急」的事情。然而，在實際的工作環境中，大家更加在意且投入最多時間和精力的反而是重要且緊急的事情。

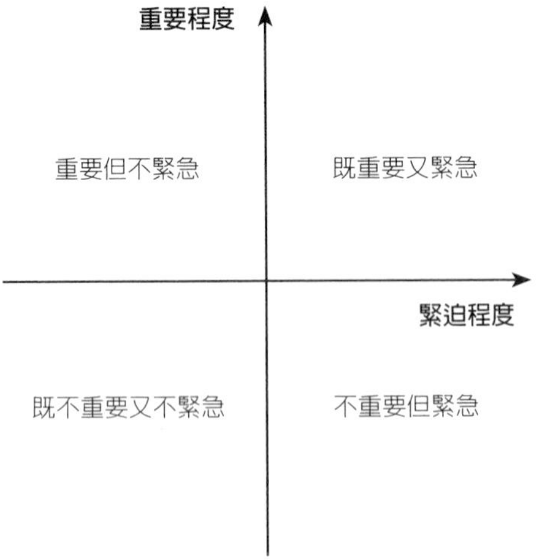

【圖 6-1】時間管理四象限

之所以會如此，是因爲這些事情具有鮮明性的特徵。

和大家分享一件十分有趣的事情。英國有一個女孩因爲做了一件十分了不起的事情而受到了女王的接見，等到眞正見面，走到女王面前準備握手時，女孩的手機突然響了，而且一直響個不停。此時女王說，妳先接電話吧，聽起來似乎很重要。

那些既重要又緊急的事情之所以具有鮮明性，就是因爲它們如同一直響的手機鈴聲一樣吸引我們的注意力，催促我們趕快去完成。一般而言，處理此類事情會給員工造成極大的時間壓力和心理壓力，工作品質或多或少都會受到影響，這明顯不是一種理想的企業發展狀態。從這種狀態反推，之所以會出現這麼多既重要又緊急的事情，很大的一個原因就是重要但不緊急的事情沒有即時完成。這也解釋了爲什麼時間管理四象限法則推薦重點關注「重要但不緊急」的事情。

舉個簡單的例子。假如我們有一個沒經過專業訓練的客服，只是憑藉感覺和個人經驗去回覆客户的意見與投訴，那麼很有可能會發生比投訴更麻煩的事情，甚至是企業危機。

一件重要但不緊急的事情長期處於未完成的狀態，必然會引發大量既重要且緊急的事情，爲了解決後者，我們可能需要付出十倍、甚至更多的精力。如果在此基礎上再次深究就會發現，發生此類非良性轉變的核心原因在於：企業沒有訓練好員工，沒有培養他們即時完成工作的習慣。

至此，我相信大家都能明白一個道理：管人和理事有著相同的邏輯。在理事時，我們應該著重關注重要但不緊急的事情，不能等它們變得既重要又緊急時再去處理。管理者需要借助他人來完成工作，但前提是要努力培養他人成長，不能事到臨頭再想著找人，否則萬事休矣。

把握培養員工的有效時機和途徑

意識到培養員工的重要性只是第一步，把握好培養員工的有效時機同樣重要。

很多人認爲，員工因爲某種原因決定離開或被開除的時候是進行培養的好時機，但很多時候這樣做等於在爲競爭對手做嫁衣。也有人認爲，員工做錯事或沒有達到既定目標的時候進行培養比較好，其實也不是，因爲一個有責任心的員工在事後一定能意識到自身的問題，進而自行加以改正，管理者沒有必要再次強調，而是應該產生認同，建立感情。

在正確的時間給出回饋

在我看來，塑造人類行爲最有效的時間就是在他們做對事情的時候。因爲人和機器不一樣，後者的特點是糾錯，因此我們在對待一輛汽車時，最有效的辦法就是出問題時即時修理，這是機器的邏輯。人的特點則完全相反，人會出現修不完的問題。假如我們每天都盯著員工的錯誤，不斷地要求他們改正，那麼就會造成員工的問題、錯誤越「修」越多的結果。而且，人類的另一個特點——大多數時候會在管理者身上體現——就是當我們「恨屋及烏」，因爲一個缺點而不喜歡某位員工時，員工所做的一切都會成爲「問題」。

從這個角度來說，我們或多或少都會受到自己情感和認知的影響，也就沒有人能做到絕對的公平公正，比如愛屋及烏、「恨屋及烏」。因此我們就要不斷告誡自己，雖然人無法做到絕對的公平公正，但也不能陷入後面那種情緒之中，警惕自己挑毛病的習慣，否則團隊就沒有一個可用之人了。

這個觀點並不是我閉門造車空想出來的，有很多心理學實驗已經證明，我給大家列舉一個訓練小狗的案例。當然，我並不是說人和狗一樣，而是從科學的角度來講，狗的智商大致相當於人類三～四歲的孩子，牠可以視爲人類的一種模擬，具有一定的參考價値。

有個人養了一隻名爲閃閃的小狗，十分可愛，每次主人一出現，閃閃就會圍著他打轉。但這個主人非常討厭牠，因爲小狗總是處於特別興奮的狀態，在屋裡到處跑，而且會做出撓沙發等破壞家具的行爲。當小狗的主人想要控制閃閃，去追牠的時候，小狗反而更興奮了。出於無奈，這個主人就去了寵物醫院，找專業人士詢問爲什麼會這樣。

寵物醫生告訴他，他和小狗的互動方式完全錯了。主人總是在小狗做錯事情時和牠互動，此時就會向小狗傳遞一個訊號，讓牠認爲自己在做主人喜歡的事情，所以牠才會不斷強化那些在主人看來錯誤的行爲。狗並不能完全理解人類的行爲和情緒，牠更是把主人的叫喊視爲一種回饋。當我們在錯的時間給出回饋，最終一定會得到一個自己不喜歡的結果。

反過來，當小狗處於安靜狀態時，也就是主人期望的一種狀態時，後者只會認爲這是一種應該的、自然而然的狀態，所以不會給出回饋，小狗因此就無法建立「安靜是對的」這種認知。其實糾正方式特別簡單，當小狗上躥下跳鬧騰的時候，我們選擇忽視牠，即不給牠回饋；當小狗安靜時，我們立刻過去撫摸牠，或者給牠一些零食獎勵，幫助牠理解正確的狀況。

在正確的時間給出回饋才能得到正確的結果，不管是訓練一隻小狗還是培養企業員工，這都是行之有效的一個原則。

有效的二級回饋才能得到有效的結果

關於上面的那個原則，有人曾經問我：「我就是這麼做的，爲什麼效果不好呢？」中國文化講究的是中正平和，表達情感時更偏向於含蓄，所以很多管理者在表揚一名員工時，往往只是給對方一個關愛、鼓勵的眼神，或者走過去意味深長地拍一拍他的肩膀。然而，受表揚者經常會因爲領悟不到管理者過於含蓄的情感而感到莫名其妙，最終導致一個正向的回饋並沒有獲得應有的效果。

大家要明白，在溝通中存在一級回饋和二級回饋的區分。比如鼓勵的眼神、拍一拍肩膀等行爲因爲過於模糊不清，讓人產生一種雲裡霧裡的感覺，導致回饋的力度不夠強烈，所以屬於一級回饋。我想強調的是，大家千萬不要站在自己的認知和思維角度去理解他人，因爲有太多因素會導致兩個人對同一件事產生不同的看法，比如經驗、格局、知識儲備、所處的位置等。在實際的工作中，員工的責任感、能力、創造性思維等諸多素質都影響著一項任務的完成品質，若管理者只是給出模糊的一級回饋，那員工就很難建立一個關於自己、關於工作的全面、正確的認知。

相對的，直接表達自己的情感，並且講清楚爲什麼、是什麼，讓對方能夠清晰明瞭地接收到我們發出的資訊，則具備很強的回饋力度，屬於二級回饋。它體現的是一位領導者的價值觀和管理水準，我們在教育孩子、培養員工時應當採用的就是這種回饋方式。

接下來，我將透過一個心理學實驗來說明應該怎樣傳遞二級回饋，或者傳遞什麼樣的二級回饋。

一個心理學實驗室找來了兩組孩子，分別發給他們同樣的拼圖，但是在完成後給出不同的評價。第一組的評價是：「你們眞厲害，這麼難的拼圖都能拼出來，眞是太聰明了。」第二組的評價是：「太棒了，完成得這麼好，你們眞是善於探索和堅持。」兩組評價都是二級回饋，而且區別非常小，一組誇獎的重點是聰明才智，另一組是探索與堅持的精神。然而，就是這麼一點小小的區別，導致兩組小孩在後續實驗中展現出了不同的面貌。

完成第一階段後，實驗人員給這些孩子發了大量的難度不一的拼圖，告訴他們隨便玩，然後再悄悄地分別觀察兩組孩子的行爲表現。其中，得到「聰明」評價的孩子爲了保持這個結果，自然而然比較會選擇簡單的拼圖，而被評價具備探索精神的孩子則會選擇更難、更具挑戰性的拼圖，其目的同樣是保持實驗人員給出的評價。

同樣是正向積極的二級回饋，之所以得到截然不同、甚至是具備相反意味的結果，正是因爲實驗人員對第一組孩子評價的重點在結果，即聰明，第二組的重點在過程，即探索和堅持的精神。

這也是我們在培養員工時必須注意的一點。當管理者表現得過於在意最終結果時，就會導致員工形成一種固定型人格和工作認知：只要結果，不要過程。這種思維會對一名員工的成長、對一家企業的發展造成多大危害，我想已經不需要再多做闡述。而注重過程再拿結果的思維邏輯則是一種典型的成長型思維，同樣也是我們激發員工善意、培養員工成長的根本目的。

學會前瞻性留才，預防優秀人才流失

人才流失幾乎是困擾所有企業的一個頑疾，區別只不過是企業與企業之間流失率的高與低而已。面對這種狀況我不禁想問大家一個問題：在面對一個決定離職的員工時，你會怎樣挽留他，或者說你願意付出多少代價去留住他呢？

大多數時候，如果面對的是一名資歷尚淺、只是因爲一時衝動而選擇辭職的小白員工，我們很可能會去簡單地勸解一下，進行心理開導之後，他們有可能會選擇留下來。但是，當我們面對的是一名成熟型員工時，這樣做很可能就不管用了。成熟型員工大多已經有了足夠的經驗和認知去判斷自己的處境，如果他是在深思熟慮之後，或者是在談好下一份工作之後才決心要離開的，那麼這時候管理者做任何動作的意義都不大。我甚至見過一些人決定要離開一家公司，連年終獎都捨得拋棄，足見其決心之堅定。因此，不管是針對小白員工還是成熟員工，在他們提出離職之後，管理者做出的挽留行爲都可以稱爲被動性留才，一般而言，成功率不高。

用四象限繪製員工的人物畫像

被動性留才的成功率之所以不高，其實關鍵就在於「被動」兩個字。以一名成熟型員工離職爲例，如果他已經與其他公司談妥，那麼我們很難全面地了解他們雙方達成了怎樣的協定，具體內容是什麼。如此一來，在做留才時，如果條件低於他們的協定內容，必然沒有效果。如果爲了確保能夠挽留成功而開出過高的條件，公司的營運成本又會是一筆不小的負擔。這就是一個兩難的處境，同時也是被動的原因。

打破這種被動局面的方法其實很簡單，就是避免它形成，即做到前瞻性留才。相信大家都能理解，與被動性留才相反，前瞻性留才是在人才下決心離開之前做出的挽留動作。關於具體的操作細節，我給大家做一個簡單的示範。

首先在一張白紙上畫一個坐標系，其橫坐標的值代表風險，縱坐標的值代表貢獻。值的範圍都是從〇到十，其中風險值越小，就代表著員工離職的可能性越低。由此就會形成四個象限（如【圖6-2】所示），每個象限分別命名爲高風險高貢獻、高風險低貢獻、低風險低貢獻、低風險高貢獻。然後任意選定一名公司或部門裡的員工、同事，盡量以一種公平、客觀、協力廠商的角度去評價其貢獻和風險。這一點十分重要，因爲我們不能以自己的情感評判、影響另一個人關於利益和前途的選擇，比如我們特

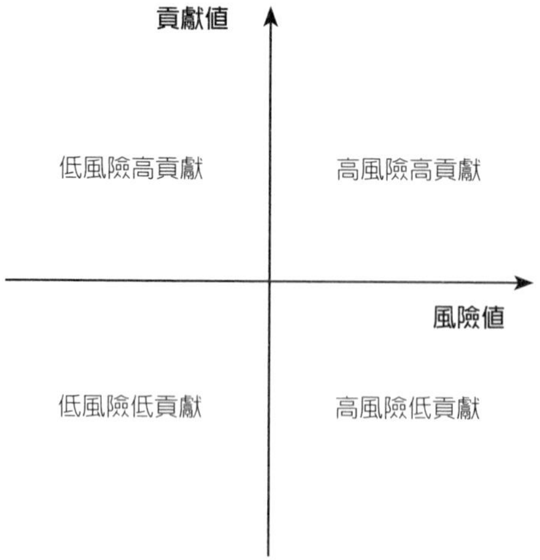

【圖 6-2】員工管理四象限

別喜歡某一個員工，但如果公司給不了他期望的薪資和未來，那麼他一定會選擇離開。

當我們根據員工的貢獻程度和離職可能性標記好貢獻值和風險值後，便可以獲得一個清晰明瞭的員工人物畫像，也就是這名員工處在哪一個象限。

首先，處於高風險低貢獻象限的員工，一般都是無心工作，總想著以換工作來漲薪資的人。對於這類員工，我認爲管理者無須花費時間與精力挽留，意義和作用都不大。

其次就是高風險高貢獻的員工。他們能力很強，可以爲公司做出很多貢獻，但同時這類員工也有許多自己的想法和打算，如果與企業的目標、規畫發生衝突，他們就很有可能十分堅定地選擇離開。

我相信很多企業在處理這類員工時都十分頭疼，也是花費時間最多的一類人：想器重他們，開放更多資源和許可權，但又害怕他們隨時都有可能離開。在我看來，前瞻性地挽留這類員工其實就是一個簡單的算術問題，即投入產出比。若收入大於產出，則值得挽留，否則就需要再深入思考是否有必要投入大量的資源和精力。

再次是低風險低貢獻的員工，他們的特點是害怕失去當前的工作，爲人踏實用心，而且願意付出時間和努力去完成領導分配的工作，只是囿於能力很難做出特別出色的貢獻。其實這種員工在職場中並不少見，而且一部分管理者也喜歡這類人，願意在他們身上花時間幫助他們成長。

最後就是大家都喜歡的一類員工：低風險高貢獻，綜合素質高於一般員工，貢獻值也高於一般員工，而且對企業的忠誠度很高，不會輕易離職。

充分理解員工是前瞻性留才的前提

當我們把所有員工放入四個象限之中，其實就意味著獲得了前瞻性留才的途徑：放棄高風險低貢獻的員工，培養低風險低貢獻的員工，重點評比高風險高貢獻的員工，至於低風險高貢獻的員工，可能在很多管理者的認知裡認爲，這類員工對公司足夠忠誠，而且願意腳踏實地爲公司做貢獻，所以無須給予過多的關注，基本上讓他們處於放養的狀態。

然而，這種理解與現實之間其實存在很大的誤差，大家設想一下，你就是公司裡一名被「放養」的低風險高貢獻員工，面對老闆的不聞不問，以及一門心思地挽留高風險高貢獻的人，處理低風險低貢獻員工的問題和訴求，你有沒有可能因爲得不到關注和培養而選擇跳轉到其他象限呢？如果你的答案是肯定的，那麼這類員工給出的答案一樣是肯定的，區別只不過是跳到哪一個象限而已。有上進心願意爲自己的前途奮鬥的人可能會成爲高風險高貢獻的員工，積累能量另謀出路，當然也存在心灰意冷的人放棄努力，變成低風險低貢獻的員工。

在講解時間管理的四象限時，我提到一個困境：我們總是急切地想完成既重要又緊急的工作，進而導致重要但不緊急工作的緊迫性不斷提升，最終成爲既重要又緊急的工作。員工與工作都是組成公司的一種屬性，兩個坐標完全能一一對應來理解。所謂前瞻性留才，就是避免高貢獻員工流失與提升低風險員工的「緊迫性」。

至此，我想大家應該都能明白，在前瞻性留才時最應該關注的一類員工就是低風險高貢獻的人。而且，如果我們在他們身上多花一些心思就會發現，這類員工的產出效率是最高的，也就意味著對他們進行投入，CP值是最高的。

重點關注低風險高貢獻員工的另一個重要原因是，一般來說，越是高貢獻的員工離職越沒有先兆，甚至直到提出辭職的那一刻，老闆都堅定地認爲這樣的人不會離開，但他們離職對企業帶來的衝擊與危害極爲嚴重。因爲這類員工從來不會消極怠工，即使在決定離職的前夕，他們依然會高品質高效率地完成每一天的工作。反觀一些高風險員工，我們可以很輕易地察覺到他們是否選擇離開，比如上班遲到、效率和績效持續下降、每天都在做一些與工作無關的事情等。也正是因爲出其不意，所以使得我們在嘗試挽留時變得極爲困難。

關於員工離職的原因，常見的可能是職務缺乏成長潛力和挑戰性、不明確不公平的任務目標、不合理的薪酬分配，或者員工自己的追求與企業的策略規畫不一致等。然而，在我看來，一名員工離職八〇%的原因都與其直屬上司有關係。因爲管理者是公司與員工之間的橋梁，扮演著傳遞公司文化、制定策略目標和規畫，以及直接參與管理等角色，如果他們與員工的關係出現問題，其實也就意味著企業與員工的關係出現了問題，那麼員工離職也就成爲情理之中的選擇了。

再回到大家應該重點關注的低風險高貢獻員工身上。在滿足這類高素質員工的需求、避免他們離職方面，我認爲組織應該做到三點：第一，傾聽、理解他們對於成長的渴望和追求，並給予即時正確的回饋，比如分配給他們具有挑戰性的任務，設定一個相對較高的目標，充分發揮他們的上進心帶來的衝勁。第二，給予他們明確的成就感。第三點很有意思，就是讓他們在不被肯定的情況下完成任務。我觀察過很多高績效員工，包括阿里巴巴堅強的中階層，他們總是能在遭質疑、不被肯定的情況下完成自己要做的工作。其實大家回顧人類歷史上的重大變革，大部分革新者都是在被質疑、甚至被敵視的情況下堅定前行。

在電影《天下無賊》中，葛優飾演的黎叔講過一句特別經典的臺詞：「二十一世紀什麼最貴？人才！」人才是市場極爲重要的一個元素，但相較於人才本身，如何留才、如何最大化發揮人才的價值更爲重要。要做到這兩點最關鍵的一個前提就是充分認識、理解他們，而後做到「因材施教」，這也是前瞻性留才、預防人才流失的核心。

一個優秀管理者的成長路徑

「一將無能，累死三軍」，最典型的案例當屬只會紙上談兵的趙括，他使趙國在長平之戰中損失了四十多萬將士，同時也親手葬送了整個國家的前途。這個故事告訴我們，在如今的職場環境中，需要成長的不只是優秀員工，管理者亦是如此，甚至更加重要、更加緊迫。

在我看來，一名優秀管理者的成長路徑可以分爲四個階段：建立信任、搭建團隊、建構體系、打造文化。

獲得他人信任是成爲管理者的前提

大部分管理者都是從基層做起的，透過慢慢積累能量、經驗、格局，然後獲得上司的信任，最終得到提拔進入管理層。

一般來說，領導者提拔一名員工的原因有很多，比如有能力、有見識、有前途等。但其實這些都是外在因素，任何一名員工可以有能力、有見識、有前途，但並不是任何一名員工都能成爲管理者，因此我認爲最重要的素質其實只有兩個字：信任。在與領導、部屬、客戶往來的過程中，信任是一個人職業素養和人格魅力的綜合體現，同時也是獲取他們認可的前提。想要成爲一名優秀的管理者，必須具備獲得他人信任的能力或素質。

能夠有效搭建團隊的人，才能被稱爲管理者

從員工成爲管理者是很多人職業生涯中的一個分岔路口。我們可以發現有的人成爲管理者之後，鬥志更加高昂，願意付出更多的努力追求進步，但有的人就無法適應和應對這種身分上的轉變，做得一團糟。

和大家分享一個我身邊的例子。我小姨在從事保險銷售的時候，一個人一年的業績可以達到一、兩百萬元，甚至做到過全陝西省第一名的成績。鑒於她優異的表現，公司決定讓她帶領一個團隊，希望她可以把自己的經驗傳遞給更多人，培養更多優秀的員工。然而，僅僅過了一年的時間，整個團隊與我小姨的業績就出現十分嚴重的下滑。此後，她就找到公司領導，表示自己帶不了團隊，拚死拚活還賺不到錢。

之所以有的人適合當管理者，有的人卻無法適應，主要原因就在於僅僅建立信

任還遠遠不夠，接下來還要學會搭建團隊，這也就是我一直強調的，透過別人來完成任務，而不是自己做。比如我小姨，她透過自己的表現獲得上司、同事的信任，成爲管理者，但她的工作思維還停留在銷售層面，不會促進員工成長並借助員工的力量去完成工作，最終就會導致管理者與員工都付出很多，結果卻是業績平平。

我有一個同學是一家企業的老闆，有一次我看他壓力特別大，精神狀態不好，就提議一起出去逛一逛，然後我就開車帶他去北京郊外兜兜風。然而，他一路上一句話都沒有對我說，一直在打電話，和他的員工講：「某某某，你去我的辦公室，辦公桌右邊第二個抽屜，拉開，裡面有一沓紙拿出來。」他說了一堆話只是爲了指揮一名員工拿一沓紙。紙拿出來以後，我這個同學又開始指揮員工記他的要求，針對某個專案如何進行，一步一步、事無巨細地講給員工聽，然後要求員工全部按照他說的去做。

這種方法或許可以做好一個專案，卻很難經營好一家公司。所以我同學公司的規模二十多年來一直維持在十五人以內，否則就超出了他的管理半徑，失去了對員工的信任。如果我們深入研究這名管理者的行為模式就可以發現，問題的核心在於他根本沒有辦法戰勝自己腦海中的人類誤判心理學：員工的決定永遠能找到瑕疵，自己的決定永遠是對的，即便出現問題，他也能找到彌補的藉口和理由。簡單來說，就是缺乏對員工的信任。在此基礎上搭建起來的團隊，和在沙土上搭建起來的房屋沒有什麼區別，完全經不起風浪。正確的做法是反推人類誤判心理學：員工的決定即便存在問題，也一定有值得採納和表揚的點，自己的決定也一定存在值得反思和再學習的部分。如此才能加強管理者和員工之間的情感連接，形成穩健的信任關係，進而建構起有向心力、有生命力的團隊。

用體系戰勝人類誤判心理學

但是戰勝人類誤判心理學是一件極其困難的事情，本能地原諒自己的錯誤，給別人的行爲找問題才是「人之常情」。因此，在搭建團隊之後，還需要一個輔助工具來幫助我們戰勝合情但不合理的「人之常情」，這個工具就是構建體系。

從一九九〇年代到二十一世紀前十年的時間裡，體系一直都是企業內十分重要的一個元素。但在變革越來越密集、越來越劇烈的冪次時代，體系是否如傳統時代具有不可替代的作用，我個人是持懷疑態度的，這是值得探討的一個部分。

當然也有毋庸置疑的部分，即如今一些知名公司，比如寶僑、可口可樂、麥當勞等，它們的體系極其強大，具有很強的借鑑意義和價值。

我曾經推薦過一部電影給很多人，叫《速食遊戲》，它是根據麥當勞創辦人兩兄弟的事蹟改編的。「麥當勞」兩兄弟與一般人創業時的落地實作不同，他們只是在停車場用粉筆畫出了一個餐廳的布局，比如用餐座椅的擺放、廚房和收銀台的位置等。然後，他們找來了其他幾個人，以掐錶的形式計算各個製作流程、用餐流程所需的精準時間。接下來，他們又測算了會有多少輛汽車經過餐廳，預估會有多少人進來吃飯。最終他們得出一個結論，這家餐廳一定會賺錢。

實體店面搭建起來之後，果然如他們預計的一樣，生意很好。然後一個推銷機器的名爲克拉克（「麥當勞之父」）的人進店用餐。在看到餐廳的流程體系之後，他敏銳地發現了其中潛藏的巨大商機，於是決定入股。

克拉克的野心特別大，他想把品牌植入全世界消費者的腦海中，而非單純經營一家餐廳。但麥當勞兩兄弟認爲克拉克的行爲破壞餐廳的品質，也違背兩個人的初衷和理想，最終選擇退出，把「麥當勞」賣給了克拉克。

麥當勞最値得敬佩的地方在於，即便一個不會做飯的人也不會影響運轉，整個流程正常且順暢。他們構築了一套培訓標準，可以在六個小時內培養出一位合格的「麥當勞廚師」。他們在全世界的門市都是如此，這是中餐廳難以做到的。在從掐錶到標準化培訓的轉變過程中出現了一個很重要的因素，叫做「計控」，它可以減少人爲因素的影響，提升整體流程的可靠性和效率。

關於績效提升，我給大家推薦一本被業界稱爲「績效改進聖經」的書——《績效改進基礎》，它很值得所有人深入地研究、學習。這本書的核心思想就是優化每一個流程，具體辦法就是把具備條件的人力流程變革爲技術流程。如此一來，流程就會簡單得多，也靠譜得多。

從宏觀的角度來看麥當勞標準化培訓和技術化流程對績效的提升，其實就是對一個巨大體系各個環節的迭代優化，而麥當勞的市場表現和品牌價値也向我們展示了構建體系對一家企業的價値和作用。

用文化營造氛圍，用氛圍推動員工

體系是維持團隊安穩、高效運轉極爲重要的一個元素，文化同樣如此。所謂文化，其實也可以理解爲公司氛圍，它在工作效率、工作品質等方方面面影響著員工。然而，氛圍只是作用於員工，其營造卻依賴於公司的管理者。因此，想要成爲一名得人心的管理者，打造一個良好的企業文化，烘托出一種適宜工作的氛圍就顯得十分重要且必要。透過企業文化，我們可以確保員工知道公司的目標和規畫，同時也能使雙方的溝通清晰、準確、即時。

在經營一家企業時，大家經常會提到領導、管理、執行三要素，管理者成長路徑的四個階段：信任、團隊、體系、文化，其實也包含在這三個要素之中。大家應該都知道，企業裡承擔責任比較重、任務最繁雜的就是中階管理者，因爲對他們來說，領導、管理、執行三個角色缺一不可，否則就有可能影響成長路徑的四個階段，影響我們成爲一名優秀的管理者。

我想特別強調一點，這三個要素並非只能根據前後邏輯一步一步地建立，有很多企業都是先具備了文化氛圍，之後才搭建營運體系。但不管其先後順序如何，我們最終的目標一定是既有氛圍又有體系，做到統一高效地協調員工、業務線順暢運轉。這是一件特別値得大家深入思考和研究，同時也是存在巨大美感的事情。當我們將體系和氛圍融合於團隊，團隊就進入了一種十分高效的狀態。

第七章

掌握情境領導，在溝通中賦能

領導力的關鍵就在於透過溝通，在充分尊重差異的前提下賦能每一個人，讓他們用正確的方法、正確的心態去做正確的事情，然後拿到正確的結果。

情境領導的四大類型

孔子宣導因材施教，他會考量不同學生的認知水準、領悟能力、學習意願等綜合素質而選擇不同的教學方法，以此來充分發揮他們的優點，避免或彌補缺點，有效促進學生的全面成長。

如果把孔夫子的教學思想融入管理思維中，其實就是情境領導。它要求管理者針對不同類型的員工使用不同的管理辦法，以及懂得爲什麼要使用不同的辦法。

因材施教的前提是具備全面的情境領導能力

將員工定義為不同的類型，最主要的方法就是運用管理學中的X理論和Y理論。其中X理論是對人性的假設，在假設中人性本惡，員工因為懶惰的本性所以需要被積極管理。這一理論很符合一句管理名言：員工從來不做管理者要求的工作，只做管理者檢查的工作。我們在給很多傳統的生產型企業做培訓時發現，這種風氣大行其道，在員工的認知裡，只有寫進KPI的任務才是有效任務，否則就會被無視或者消極對待。

隨著時代進步，知識型工作人員越來越多，X理論明顯無法滿足新一代員工與企業之間的管理關係。在這種背景下，Y理論應運而生。Y理論強調釋放員工的善意和自主性，讓員工自行設定目標，完成自我激勵。

乍看之下，似乎Y理論比X理論更為先進，也更符合新時代企業的需求，但事實並非如此。批判性思維教導我們要培養思維的全面性，因此在比較這兩個理論時，我們首先要對它們建立一個全面、相對客觀的認知。比如針對公司裡的新人，如果在他們有能力獨當一面之前，管理者就完全放權，不給予任何的指導，新人必然無法健康有效地成長，因此使用Y理論顯然就是不合理的。相對的，針對一些關鍵位置的關鍵人才，我們就無須過問太多，而應該適當放權，給予他們一定自我成長的空間，所以X理論顯然是不適用於這種情況的。

由此可以看出，X理論和Y理論不存在絕對的優與劣，關鍵要看對應的管理情境和具體管理對象。這也是我認爲管理應當「因材施教」，進行情境管理的原因。透過

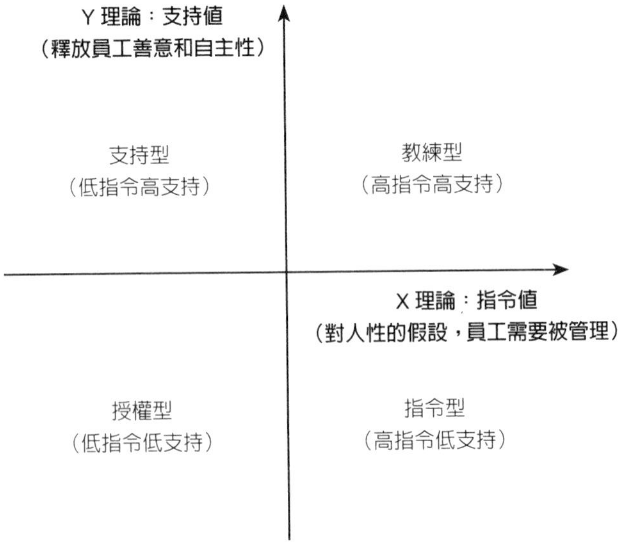

【圖 7-1】情境領導四大類型

X理論和Y理論的排列組合，我們能得出情境領導的四大類型（如【圖7-1】所示）。

首先是高指令低支援的指令型。此類管理者很少詢問員工的意見，員工也幾乎沒有自己的思考和主見，比如傳統生產型企業流水線上的員工。管理者往往會直接輸出指令，把任務細節安排清楚，員工以此爲指導完成任務即可。

在這種互動情境中，資訊都是自上（領導者）而下（員工）單向流通和傳遞，員工扮演的多是執行的角色。此類管理模式的好處在於，領導者一直處在掌控者的角色，能即時獲得員工工作的效率、品質、進度等資訊，當然，管理者也需要爲一切狀況承擔責任。

相對的，這種管理模式很容易陷入僵化，員工得不到應有的鍛鍊機會和成長空間。而且對領導者來說，承擔一切任務安排和責任意味著巨大的壓力，如何保證在重壓之下保持清醒且正確的判斷，就是領導者必須具備的一種能力，否則，就會給整個團隊、公司帶來毀滅性的打擊，甚至沒有回頭的餘地，這也是「獨裁式」領導情境的最大弊端之一。

其次是低指令高支援的支援型。與指令型正好相反，管理者會較會詢問員工的意見，比如對某件事情的看法、員工自己的目標和計畫。在雙方探討完具體任務細節後，管理者會變成「後勤人員」，給予員工需要的幫助和支援。

支持型是一種十分和諧、合理的領導情境。如果員工的想法和計畫不出現巨大的瑕疵和偏差，管理者一般不會過多干預工作的節奏和進程，與員工交流的目的是在獲知專案進度或給予員工一些意見和幫助。而且，這種開放式的管理能極大地激發員工（尤其是優秀員工）的積極性。

再次是高指令高支援的教練型。教練型領導的特點是既詢問員工的意見和想法，同時也會保持掌控工作的主動性。換言之，他們在獲得員工的資訊後，是以發指令形式對員工交代工作。此類領導大多會給員工高冷果斷、掌控欲比較強等印象。

雖然支持型與教練型都會和員工進行資訊交流，但兩者的目的完全不同。在前一種情境中，領導者只是簡單地獲取資訊，而後者在得到資訊後會進一步研判，並把結果以指令的形式回饋給員工，讓他們執行。

最後是低指令低支援的授權型。此種情境幾乎能理解爲完全放權，既不過問也不會給予太多支持。此類企業的員工大多是有能力有經驗的「低風險高貢獻員工」。

四類情境領導融匯於一身，才能靈活運用

在講解時間管理和員工管理時，我提到了事情和員工可能會因為某些原因跳轉到其他象限，其實情境領導也是如此。

以一個職場人的工作經歷為例。當他剛畢業進入工作環境時，管理者應該以指令型領導他。因為大部分職場小白都不具備具體的工作經驗和能力，但是工作意願和積極性特別高，而且願意服從管理者發出的指令。與成熟型員工不同，剛畢業的大學生會把指令視為工作機會，然後執行得很好。

若我們用教練型風格對待這些職場小白，大家可以設想一下，當我們針對某項具體工作詢問他們的意見時，或者詢問他們有哪些具體的落實措施時，恐怕很難得到明確答案，因為他們根本沒有理解和解答該領域問題的能力。此時我們需要做的就是給出直接的指令和指導，把「如何做」的細節教給他們，培養他們不斷成長。當然，從公司的角度來說，這個教導過程其實也是考驗員工、篩選員工的過程。

隨著管理者教導和執行指令的數量持續積累，員工的能力開始增強，經驗逐漸

豐富，他們會對工作和一些具體的事件產生一些自己的看法。此時，管理者就應該轉換領導情境，從指令型進入教練型，比如給他們安排一次直接面對客戶的任務。在與客戶見面之前，我們要詢問員工的意見，例如：見這個客戶，你有什麼想法和打算、我們應該注意什麼、具體應該怎麼談等等。

需要強調的是，詢問員工只是幫助管理者建立對客戶方、對自己方更全面的認知，而非直接放權讓員工自己操作。也就是說，現階段員工因爲能力和經驗等問題，還不足以獨立完成一項任務。管理者在獲得相關資訊並做綜合考量後，仍需給員工下達具體的行動指令和指導。如此討論互動的過程就是一個教與練的過程。

在教練型階段，因爲能夠直接接觸關鍵資訊，再加上管理者「問詢式」的培養，員工的工作能力會得到突飛猛進的成長。但能力只是一名優秀員工的一部分，企業渴望的是全面的、能夠獨當一面的人才，所以除了能力，員工的意願也是重點考察、培養的因素。

因此，面對具備能力卻不夠自信，不敢獨立做決定的員工，管理者就應當進入支持型的領導情境，只進行簡單的資訊詢問，不過多干預具體的操作，適當地放權給這些員工，培養他們獨立做決定、完成一個專案的自信和意願。

從指導型到教練型再到支持型，這種轉變的目的更多的是培養員工，促使他們成爲既有能力又有意願的全面型人才，目的實現之後，管理者便可以進入授權型領導情境。到了這一階段，管理者應當進一步放權，讓員工放心大膽地按照自己的想法和節奏去執行工作，比如我們提到的，網飛取消立項制度，員工能夠根據自己的判斷開啓一個專案。

如果大家仔細觀察如今的市場環境就會知道，有的管理者仍舊秉持著「一招鮮吃遍天」的老套管理思想，即只會用一種領導情境對待所有員工。比如指令型領導，他對待所有的員工都是直接下達指令，即便是那些能力和意願都足夠的員工。管理者事事干預，員工自然也就缺少自我鍛鍊、成長的可能性。大家設身處地地想一想，如果你是這樣一名員工，很有可能也會離開，選擇另一家更開放、更包容、有更多發展空間的企業。

再比如授權型。我看過很多商管類的圖書，其中有很多書都樂於強調「放手」，讓員工自行闖蕩。我個人是不太同意這種觀點的，「放手」一定是有前提約束條件的，否則企業就是在自掘墳墓。

再回頭看一看【圖7-1】。雖然都是四個象限，但它與時間管理、員工管理有著本質的不同，後兩者中的四個象限都是相互抵觸的。比如某一確定時刻的某一件事情，在重要程度和緊急程度上只會呈現出一種狀態，也就是不會同時出現「既重要又緊急」和「既不重要又不緊急」這兩種狀態。員工管理也是同理，一名員工同一時間不會既是「高貢獻高風險」，又是「低貢獻低風險」。

但對管理者來說，四類情境領導應當同時融匯於一身，然後根據不同的情境，針對不同的員工，施展不同的管理風格或管理能力，即做到因材施教。這也是我不認同「一招鮮吃遍天」管理理念最大的原因。當大家體會到這四種狀態，其實就已經打敗如今市場上八〇%的管理者，它讓我們在與員工的互動中多了一些選擇。

管理即溝通

所謂管理，簡單來說就是領導者與員工之間的互動和溝通，比如下達指令、傳授經驗等。從這個角度來說，管理的本質就是溝通。我們已經知道領導情境以X理論和Y理論劃分爲四大類，相對應的，溝通方式中也存在兩個關鍵因素：一個因素是主張，另一個因素是質詢。這兩個因素其實也是溝通最眞實的面貌：表達主張，質詢疑問。

四大溝通方式

當我們表達主張時，目的在讓對方明白我們的想法和思考，常見的表達方式有：「對於這件事，我的看法是……」而質詢的目的則是獲取對方的資訊，常見的表達方式是：「關於這個問題，你的看法是什麼？」透過這樣的一答一問，能夠將雙方的認知拉齊。

與領導情境類似，我們同樣可以用主張和質詢把溝通方式劃分爲四大類（如【圖7-2】所示）：告知、觀察、提問、討論——TOAD模型。

告知（T）屬於高主張低質詢，即以表達自我主張爲主，很少涉及質詢的部分，放到職場環境中就是指令。

觀察（O）屬於低主張低質詢，這是一種看起來不存在「溝通」的溝通方式，卻是一種極爲必要的溝通方式。因爲旁觀者清，這種方式可以讓我們獲得更直觀、更直接的資訊。

提問（A）屬於低主張高質詢，以獲取對方的想法和意見爲主，而非主動輸出自己的主張。

討論（D）屬於高主張高質詢，既主動表達自己的想法，同時也會積極吸收他人的主張。討論最常見的體現場景就是開會。

與四種領導情境類似，以上四種溝通方式同樣不存在絕對的優劣之分，具體效果主要取決於具體的使用環境。但是根據TOAD模型，我們可以建立一些在日常管理中經常使用且十分有意思的工具。我想要重點講解，同時重點推薦一個工具給大家，那就是提問（A），因爲它是我們最容易忽視的一項工具。

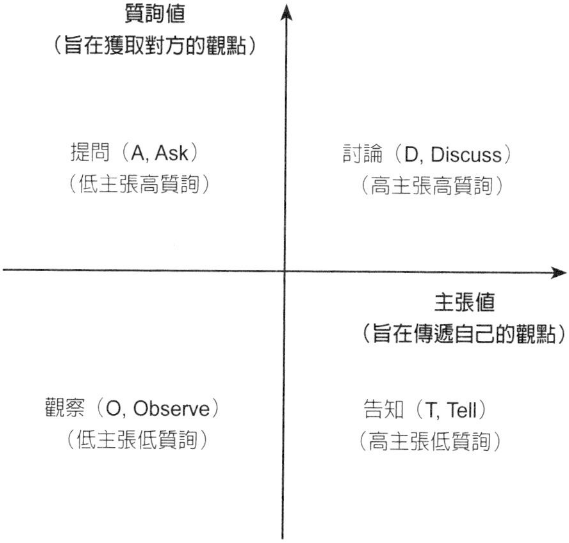

【圖 7-2】四大溝通方式

相信大家都注意過一個現象，甚至自身就存在類似的問題，也就是急於表達自己的主張。當管理者注意到員工存在問題或遇到困境，第一反應往往是立馬告訴他們解決方案，然後叮囑他們好好改正或學習，但事實證明，這種溝通方式的效果不是十分理想。原因在於，「填鴨式」溝通強加給員工的資訊過於扁平，不易於記憶，更不用說後續的深入思考和理解。但如果使用提問方式引導員工主動思考，我們在旁給予一定的資訊參考，由此得出的結論則會十分豐滿，有利於理解和記憶。

用提問提高績效

提問中有一個領導力領域極爲重要的工具，叫作GROW（成長）模型。該模型的聯合創始人、職場教練應用的先驅約翰．惠特默曾出版過一本書，名爲《高績效教練》。在這本書中，作者分享了一個自己的例子。

惠特默曾創辦過一家體育公司，其中教授網球的生意十分火紅，導致公司裡的網球教練人數無法滿足學員的需求。爲此，他從公司內找來幾名滑雪教練，讓他們幫忙教網球。其實那些滑雪教練也感到莫名其妙，兩個不相干的體育運動，怎麼跨行教授呢？但因爲是老闆的要求，所以這幾名滑雪教練只能趕鴨子上架，「裝模作樣」地陪學員一起訓練。

但奇怪的是，一個階段的訓練結束後，不只滑雪教練的網球水準有了顯著提升，他們教出來的學員甚至比專業網球教練教出來的都好。爲了找到其中緣由，惠特默就去觀察這些滑雪教練，看看他們到底是如何教授學員的。

經過觀察，惠特默發現這些外行教練最大的特點就是不主動教導，他們更習慣於以提問的方式讓學員主動去感受。比如在一名學員練習發球時，他們不會主動糾正其動作的錯誤之處，而是會問：「你認爲你球發得怎麼樣？」此時學員可能會說力量好像不夠。教練再問：「再好好回憶感受一下，哪裡不夠？」學員回答腰的力量好像沒有用上。接下來，兩人會針對「無法有效使用腰部力量」進行探討，學員則會調整不同的發球方式，嘗試使用腰部力量。類似的場景一直在這些非專業的教練身上上演，學員每次動作的變化、調整都來自教練的一個提問。在這個過程中，學員不斷增強自己的感受，最終找到了較爲適合自己的動作和方式。

這是一個特別有意思的現象，而之所以會如此，一方面是因爲在人的行爲習慣中有一個特點：聽到他人的建議時，會下意識地認爲對方在批評自己。另一方面，做爲內行，我們總是因爲對領域內的事情一清二楚而急於干涉。

> 我妻子在創業的時候，我向她提意見，會針對某一件事列舉好多個建議。因爲在我的認知裡，這是自家事業，所以我希望它能夠茁壯發展，提意見的本意絕對是積極的。但我妻子聽了之後卻十分生氣，對我說：「你站著說話不腰疼，你就知道指責我。」

這件事讓我明白，「意見」天生帶有兩個「點」，一個是出發點，一個是接收點。

我們不能根據出發點的善與惡，就倉促決定接收點的感受。這也是GROW模型強調的核心。GROW模型最有意思或最有價值之處在於，能從兩個方向幫助人解決問題，達到突破。兩個方向分別能意識到自我的責任和自我的狀況。

首先是意識到自我的責任，就是讓對方明白眼下的事情是他的責任，而非建議方的責任，換句話說，這些事情最終都需要他來著手解決。比如滑雪教練提問的方式，就是在提醒學員「練好發球」是自己來此處的責任和目的。

我和妻子的交流則是一個反例。因爲在給予具體意見之前，我沒有幫助她明白「建立事業的直接責任方是她」的觀念，就直接給出了建議，所以導致我妻子會反唇相譏。我提的那些建議，在她眼中成了「指責」的一部分，自然也就失去了應有的意義和價值。因此，正確的做法是不提供建議，而是幫助對方把責任梳理清楚。

其次是意識到自我的狀況。相信大家都見過這樣一種情境，即很多人因爲有畏難情緒，在遇到一些問題時就會覺得事情很複雜，進而產生一種無從下手的錯覺。然而，實際情況卻是，如果有人幫助他們釐清其中的邏輯和條理，所謂的問題、複雜也會隨之迎刃而解。

用GROW模型進行提問

《高績效教練》和GROW模型之所以經久不衰且爲人所推崇，主要在於它們沒有過多高深的理論，方法隨時隨地都可以實踐。舉個簡單的例子，當一名員工詢問一項工作如何開展時，你可以向他提問：「你認爲如何做比較好？」這就是簡潔但典型的應用場景。

我相信，提問的方式對所有能夠成爲管理者的人來說都不會是難題，難點在於如何提出一個好問題。不管是在職場還是在生活場景中，大家應該都有相應的經歷：一個好問題，可以啓發對方去思考，並且心甘情願地分享自己的想法；而一個水準低下的提問，則很容易惹惱他人，更不用提獲得對方的觀點了。

例如：「我們爲什麼不嘗試大客戶銷售呢？」和「有哪些原因讓我們難以開發

大客戶銷售呢？」，兩相對比，前者帶有一定的攻擊性，很容易讓對方產生被責問的感受，而後者則留出很多的空間，可以讓對方闡述自己的想法和觀點。對解決問題的目標而言，明顯後一種提問方式更具有建設性。

至於如何理解和定義「好問題」，在我看來，好問題是可以讓對方沉浸其中進行思考的問題，具有很強的開放性和包容性，很少涉及對與錯的區分，只有觀點的不同體現。相對的，「糟糕問題」則是讓對方產生消極感觀的問題，得到的回應大多是辯解，而非建設性的觀點和意見。

當然，提問只是一種簡單的實踐形式，爲什麼要問、問題中包含了哪些資訊、希望對方給出怎樣的答案，以及如何處理對方的答案，這些問題其實才是「好問題」的關鍵核心，也是一名員工必須掌握的因素。因此，我們就需要更加深入、全面地了解GROW模型中G、R、O、W四個模組分別代表了什麼。

輔助員工的關鍵是梳理而非幫助建立

G（Goal）即目標（如【圖7-3】所示），其中涉及三個關鍵性問題：你的目標是什麼？什麼時候實現？實現目標的指標是什麼？透過這三個問題，管理者可以把一名員工對任務的認知和理解量化、具象化，並用一個很清晰的抓手（實現指標）督促員工積極完成。此外，我們還可以使用一些輔助工具，比如用SMART原則[1]去優化目標和實現路徑。

管理者肯定會遇到提出各種各樣問題的員工，如果對他們的問題進行歸類劃分，很多人的問題其實都源自目標不清晰。管理者要做的，就是把員工的專注點從問題轉到清晰的目標上。但是如何處理這種轉變過程，我們一定要愼之又愼，總的原則是爲他們梳理

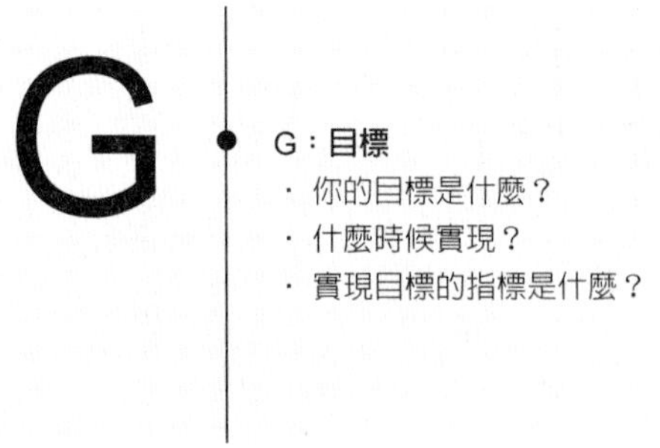
G
G：目標
· 你的目標是什麼？
· 什麼時候實現？
· 實現目標的指標是什麼？

【圖7-3】G（Goal）目標

目標，而不是爲他們建立目標。

原因在於，對自己目標很模糊類型的人，每天只能根據經驗或他人的指導完成工作，一旦遇到困境，他們就會很迷茫。如果管理者不是幫助梳理，而是直接幫他們建立目標，其實在他們的感知裡，這個所謂的目標和以往的經驗、指導沒有什麼實質性區別，即眼前的目標依舊是「別人的」，而非自己的。根據這樣的指導，員工接下來的工作依然很容易陷入困境，進而再次陷入迷茫。比如到了O（Option）階段，他無法根據自己的理解制定出具體的推行動作。

因此，管理者引導的重點應該是梳理目標，比如「你眞的想要那個目標嗎？」「能不能告訴我目標的具體內容？」圍繞目標啓發員工主動思考，使他們沉浸其中去調動內心對目標眞正的渴望。

1. S＝Specific（具體的）、M＝Measurable（可衡量的）、A＝Attainable（可實現的）、R＝Relevant（相關性）、T＝Time-bound（截止期限）。SMART原則由彼得·杜拉克提出。

明晰現狀，拉齊認知

R（Reality）爲現狀（如【圖7-4】所示）。關於現狀的這組問題，是我們在日常談話中最常被忽略的問題，比如「你都做了些什麼去實現目標？」「是什麼原因讓你不能實現目標？」等等。之所以會如此，是因爲我們都認爲彼此掌握了相關的資訊，不過實際情況卻是，受限於個人經驗、認知和觀察角度等因素，大家看到的現狀、得出的結論並不盡然相同。

我把這種現象稱爲「同床異夢」。對於管理者來說，將所有人對現狀的認知拉齊是極有必要的。

具體拉齊的措施可以是提問【圖7-4】中列舉的問題，也可以根據實際情況自行設置問題。當然，

R

Reality：關於現狀

- 目前的狀況怎樣？
- 你都做了些什麼去實現目標？
- 有誰與此相關？他們分別是什麼態度？
- 是什麼原因讓你不能實現目標？
- 和你有關的原因有哪些？
- 你試著採取過哪些行動？

【圖7-4】R（Reality）現狀

總的原則性是相通的，即以開放的態度啓發員工思考，以此推動員工盡可能全面客觀地掌握與問題有關的事實和資訊。當我們把方方面面的資訊聚合在一起，也就能對現狀有一個清晰明瞭的認知了。

以管理者爲輔，以員工的選擇爲主

O（Option）代表了選擇（如【圖7-5】所示）。從這一階段開始，問題的側重點從管理者幫助員工梳理資訊，轉向了員工主動選擇、主動行動，例如：「爲改變目前的情況，你能做些什麼？」「可供選擇的方法有哪些？」等等。這些問題都有同一個特點，即把主動權交到員工手中，激發他們的想像力，讓他們基於現狀去思考方法。

需要強調的是，【圖7-5】中列舉的例子不能覆蓋所有問題，大家仍需要根據企業具體實情有針對性地提出問題。比如在我個人的實踐中，我就想到一個特別有意思的問題，針對的是員工在回答「我不知道如何去做」的這種場景。這種場景其實不少見，因此它也值得各位認眞思考。

我提出的問題是：「假設你知道，那麼方法可能是什麼？」在基礎問題（「你能做些什麼？」）的鋪墊下，這個問題更進一步地刺激員工，甚至帶有一定程度的逼迫性。此時員工很有可能提出一些自認爲不成熟、不敢說的想法，接下來管理者就可以針對這些想法進一步提問，直到形成一系列可行的計畫。

此外，「還有嗎？」這個問題同樣十分關鍵，而且具有重要作用。因爲人的思維存在惰性，往往提出幾個可供選擇的方法後就不願再進一步思考。如果我們此時追問一句，那麼就有可

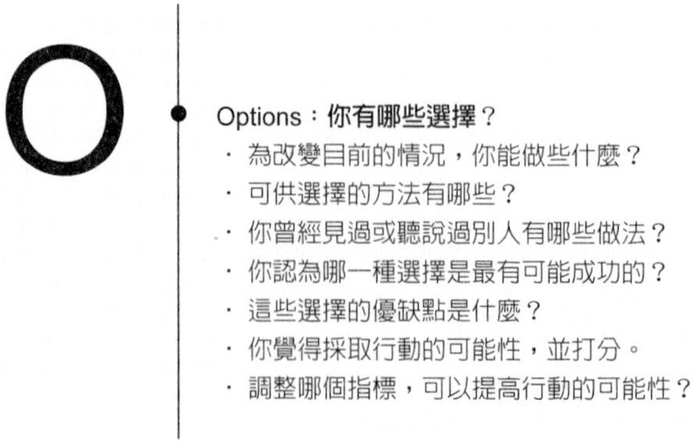
O
Options：你有哪些選擇？
．為改變目前的情況，你能做些什麼？
．可供選擇的方法有哪些？
．你曾經見過或聽說過別人有哪些做法？
．你認為哪一種選擇是最有可能成功的？
．這些選擇的優缺點是什麼？
．你覺得採取行動的可能性，並打分。
．調整哪個指標，可以提高行動的可能性？

【圖 7-5】O（Options）選擇

能激發員工提出更多的建議。

這一組問題的權重更傾向於員工一方，以他們的想法和方案爲主。從釋放善意的角度來說，其實這就是激發員工主導專案的成就感。管理者無須去評判方法的好壞，而且隨著管理團隊的規模不斷增大，我們也不可能有足夠的時間、精力去評判每一個團隊、每一名員工提出的方案。GROW模型推崇的思維方式就是以架構爲指引，以管理者爲輔助，帶領員工走到他想要實現的目標點上。

萬事俱備，只欠行動

W（Will）意味著行動（如【圖7-6】所示）。這一階段是方法推行前的最後準備，「下一步是什麼？」「何時是你採取下一步行動的最好時機？」「你需要什麼支持？」等問題，目的是幫助員工建立一個完整清晰的行動方針，讓他們放心大膽地去執行自己的思考結果。

我曾有一個學生，他孩子在高三的時候產生了厭學情緒，認爲學習沒意思，不想考大學。這個學生爲此不止一次地吼罵孩子，也請過很多知名家教，但都效果不佳，因爲孩子很排斥。

絕望無奈之時他正好來上我的課，我講的就是GROW模型。課後我對他說：「如果你覺得實在沒有其他辦法了，可以嘗試用GROW模型去問問孩子的想法。」

我的言下之意就是用提問代替責問。

他聽了我的建議，回家之後就和孩子進行了如下的對話：

父親：你的目標是什麼？

孩子：我想當明星。

W

Will：**你要做什麼**？

- 下一步是什麼？
- 何時是你採取下一步行動的最好時機？
- 你需要什麼支持？
- 你何時需要支持，以及如何獲得支持？

【圖 7-6】W（Will）行動

父親：那你的現狀是什麼？

孩子：我應該上電影學院，只有這樣才有機會。

父親：那麼你爲此做過什麼努力呢？

孩子：什麼也沒做過。

父親：你認爲自己還差在什麼地方？

孩子：我現在專業課問題不大，表演天天都練習，但是數學、英語還差一點，否則我一定能考上電影學院。

父親：那你需要什麼幫助呢？

孩子：你幫我找數學和英語的家教老師吧。

經過補習，這個孩子最終如願以償地考入了一所電影學院。

年輕人情緒起伏很大，是最典型的情緒型動物。如果家長在教育時逆著他們的情緒說話、辦事，接收到的一定是孩子的叛逆行爲。教育孩子時需要傾聽、理解，從孩子的角度去思考問題，培養員工時也是如此。GROW模型最大的特點就是給予對方主動權，充分體現我們的傾聽、理解和尊重，幫助他們建立對自我狀況和責任的認知。同時，G、R、O、W四個模組其實與批判性思維的全面性、勇敢性、公平性、科學性相輔相成，更能培養出企業期待的授權型人才。

提問時控制給建議的欲望

《孟子．離婁章句上》中有一句名言：「人之患，在好爲人師。」它尖銳地指出了在與他人交往、相處中的一大忌諱，就是喜歡做他人的老師。這個道理適用的場景很廣泛，比如教育孩子、培養員工。因此，我們需要時刻提醒自己，在輔導他人時，關鍵點就在於控制內心教育、掌控別人的欲望，盡量避免給出「你應該這樣做」「你應該那樣做」的硬性指令。硬性指令與剛性制度一樣，都是阻礙他人成長的巨大障礙。

提倡引導，而非指導

在職場環境中，硬性指令對員工成長的阻礙體現得十分明顯。原因在於，指令一般存在於管理者和員工之間，兩者是上下級關係，所以後者很有可能會被管理者的思路影響，進而得出一些自己不是特別理解的結論和方法，導致最終無法順利完成任務。

正因爲如此，我在講解GROW模型之前，提到了管理者要事先完成的兩個任務，其中之一就是幫助對方建立自我責任。如果跳過這一步，直接把我們認爲有效的方法傳授給員工，讓他們按照既定的計畫去實施，那麼實施過程中必然會遇到諸多員工難以獨立應對的挑戰和問題。不管方法和計畫多麼全面、完善，都一樣會遇到問題。

從員工的角度來看，既然方法和計畫都不是出自自己的思考，那麼出現問題時的第一反應也一定是找制定方法的人。相反的，如果整體方案是以員工爲主導設計出來的，那麼他對實施過程中可能出現的問題一定有所思考，至少有相應的心理準備。在這種情況下應對問題和挑戰，員工的主動性和積極性自然與被管理者指導時存在著天壤之別。

因此在我看來，輔導者的能力在於專注認眞地提出每一個問題，把對方帶入更深層次的思考，例如：任務如何完成得更好、如何解決可能遇到的問題等等。這是一種超然的積極態度，也是管理者能給予員工最有價値的思考習慣之一。

我曾經輔導過一個人，她剛剛晉升爲寶媽，她的問題在於不知道如何處理孩子和工作之間的關係。她對我說：「我一上班就想孩子，坐在辦公位子上覺得特別對不起孩子，在家裡帶孩子又覺得對不起單位，所以就很糾結。」在我之前，也有很多人對她進行過輔導，給過建議，比如找一個保姆等，但效果都不理想。因爲這些輔導的著重點都是外在的，但寶媽糾結的關鍵點是內在的，是她自己的心理問題，因此效果不彰。

後來我去輔導她。我並沒有如其他人一樣直接給出自己的建議，而是用GROW模型幫助她梳理清楚了目標、現狀和方法。當整體邏輯清晰了之後，這位寶媽心裡就有底了，便不再糾結。

接下來她做了兩件事。第一件事是把孩子的照片擺在辦公桌上，想孩子的時候可以看一眼。第二件事，她請同事喝了咖啡。因爲她要哺乳，所以每次上班都會因爲遲到錯過晨會。透過請同事喝咖啡的方式，她可以了解晨會講了哪些重要的事情。如此一來，這位寶媽的問題就得到了妥善的解決。

針對「請同事喝咖啡」的事情，如果這個方法不是我引導她思考出來的，而是我直接給出的建議，那麼她很有可能不會接受，或許還會反問我：「憑什麼？」這就是引導和指導之間的差別，其中包含了很多對人性的考量。

會提問，更要會判斷

我們提倡管理者盡量去引導員工思考、實踐，並不意味著管理者只能做爲一個輔助角色，而不能給對方建言獻策，只不過應當在遵循「以培養員工爲主導」大原則的背景下給出建議。比如針對某項具體工作，管理者有一個十分具有價值的創意，那麼可以在使用 GROW 模型之後，員工已經講完了自己的想法時我們再提出一個問題：「如果有一種可能，你願不願意聽一下？」

這個問題其實十分重要，所以大家千萬不要小瞧它。假設我們換個說法，比如「我給你一個建議」，雖然從管理者的角度來看，兩者表達的是同一個意思，但站在員工的角度去理解，兩者存在明顯的話語力度上的不同，後者更加強硬，或多或少都會影響員工的判斷。

但第一種說法有對問題的鋪墊，語境也要和緩很多，不會給員工一種強硬指導的感受。當對方表示願意聽的時候，責任就到他身上了，此時我們再講案例、方法也好，講想法也罷，員工都會更加容易接受。因此我認爲領導力方法的核心就在於激發對方的主動性，管理工作也是如此。

既然領導力的重心在於對方，那我們如何評判一位輔導者水準的高低呢？或者說，管理者如何確定自身輔導能力是否有長進，即它的標準是什麼呢？在我看來，標準的核心在於我們是否能夠判斷眞假。

我每次檢驗輔導一個人的效果如何時，都會問他三個問題：「你知不知道具體應該怎麼辦？」「你自己是不是這麼想的？」「你有多大的意願做這件事？」透過這三個問題，我們可以判斷被輔導者的狀態，究竟是眞明白了，還是懵懵懂懂一片混沌，如果是前者，對方的內心就會產生巨大的動力並且願意馬上行動。

此外，關於判斷對方的狀態我想強調一點：不要挑戰人性的本能。大家要明白在人性中，有一種誇大工作難度的本能，這是在一個人潛意識中的因素。當對方說一件事存在困難時，不管眞實情況如何，他都希望能夠獲得你對「工作有難度」這個觀點的認可。

如果此時管理者站在了觀點的對立面，直接反駁說「沒那麼難」「是你的心理作用」等，那麼他很有可能找出更多的理由來證明工作的難度。員工之所以會有誇大難度的行爲，是想透過工作的難度增加自己的價值。我不建議管理者反駁的另一個原因，是因爲從員工心理層面來說，這種語言的對抗必然會增加他們的抵觸心理，主觀上增加了工作的難度。因此，正確的做法是安靜地聽他們訴說，然後冷靜地提問，引導對方針對「難度」展開新一輪的思考和總結，並最終由他們推導出解決方案。

以上這些不管是積極的行爲還是消極的行爲，其實都在我身上發生過。我常常說，過去的自己是最不適合做輔導者的人，因爲我讀的書多，積累的見聞和案例也多，導致別人來問問題時，我經常會從自己的角度出發，直接表示對方的格局、層面太低，應該想得更全面一點。

後來我才慢慢意識到，每個人的成長節奏都不一樣，經驗和積累相應地也不盡相同，換句話說，大家對一件事情有不同的認知和理解才是正常的。我們不能以己度人，要求他人都和自己一樣。以讀書爲例，難道我看的書多，就有理由要求別人一樣讀書多嗎？同樣的，我也不能要求別人讀書時產生和我一樣的理解和解讀。

因此，即便人類存在誇大難度的本性，管理者也不應該直接去挑戰員工拋出的觀點，而應該以一種更積極的態度引導他們思考、成長。我們要對每一個人的成長過程抱持耐心和敬畏之心，這對一名管理者來說十分重要。

學會BIC，讓對方心甘情願接受負面回饋

我過去經常強調一個人是否具備領導力，或者評價其領導力的分水嶺，有一個十分典型的標準，就是觀察他能否使用二級回饋的方法營造氛圍，以此來鼓舞和塑造他人。比如同樣是二級回饋，有的人總是習慣於在表揚之後使用「但是」「如果……」「假如……就好了」之類的詞語進行轉折，去強調其他內容，類似的對話場景在日常生活中並不少見。在如今人際交往的潛規則下，「但是」之後的內容往往才是交流的重點，而且其含意大多帶有消極、批評性質的意味。如此一來，正向的二級回饋也就失去了價值。

可是在現實生活和工作當中，碰見問題與批評是難免的事情，我們完全沒有必要為了照顧對方的情緒而進行隱瞞，因為在我看來，問題才是進步的階梯。大家可

以回想一下，人類歷史那麼多偉大的發明，就是爲了解決彼時碰見的實實在在的問題。因此，將問題形容爲比表揚更有價值的元素，其實一點也不過分。

用BIC傳遞負面回饋

員工存在問題從來都不是管理的關鍵點，如何讓對方心甘情願地接受負面回饋才是需要我們思考的重點，也一直是困擾許多管理者、輔導者的「老大難」問題（老問題、大問題、難問題）。在生活場景中也是如此，人際交往之間的很多矛盾往往都是因爲「不會說話」，使得對方認爲自己受到了侮辱、貶低和否定。

我以前在電視台當主持人的時候，就無法接受他人對我提出的任何批評。比如製片人因爲一些原因對我提意見，我會馬上找出很多理由去反駁他，然後雙方就會展開辯論，很有可能最後不歡而散。甚至有一次我們雙方誰也不願意讓步，製片人大爲光火，對我說：「沒想到你居然是這樣的人！」後來我冷靜下來思考，才意識到自己的盲點象限。

中國有一句老話，叫「對事不對人」，它要求我們做到在相對客觀、準確地表達觀點的同時考慮對方的情緒。但這是一種概念性、方向性的理念，它對應的具體方法被稱爲ＢＩＣ（behavior has impact which leads to consequence，行爲產生影響，影響導致結果）理論（如【圖7-7】所示）。

首先是Ｂ（行爲）。一個人腦海中每天產生的資訊大致可以分爲兩類，一類叫做事實，另一類叫做觀點。大家一定要具備區分兩者的能力，比如某一個具體的行爲屬於事實，再比如「你最近狀態不太好」，

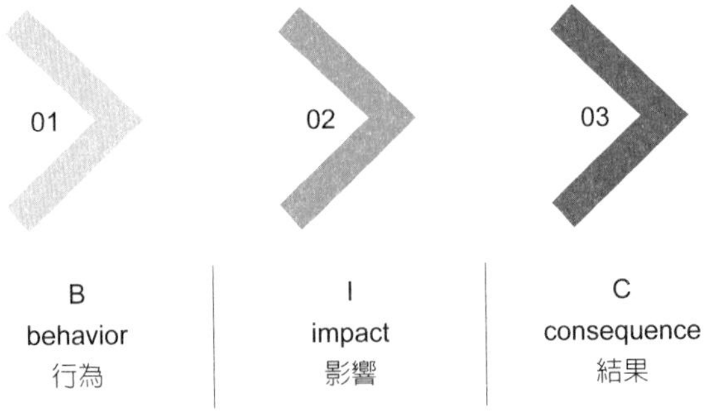

【圖 7-7】BIC 理論

這句話則屬於觀點。

學會區分兩者的作用，在與他人交流的過程中，應當以事實爲側重點，不要急於給出自己的觀點，也就是說，不要急於對某件事下結論。所以我希望大家可以培養一種思維：把員工想像成「超人」。此處的「超人」當然不是要求員工無所不能，而是電影《超人》裡的一個梗。

電影《超人》的劇情發展到結尾時，超人都會變回克拉克（超人凡人形態的名字），變成一個普通人。克拉克的職業是一名記者，所以每次都是在超人拯救完世界之後才匆匆跑回報社，他的主編就會批評他：「你跑哪去了？剛才超人出現，你又沒拍到。」但主編不知道，面前這個「不敬業」的人就是他心心念念的超人。

這段電影情節告訴我們，當見到一名員工犯錯時，管理者千萬不要先入爲主地把事實當做觀點。我之所以要強調這種思維，是因爲我們常常會受到推理階梯的影響，把自己認爲對的內容當成結論，並信以爲眞。而「把員工當超人」的思維則可以讓我們在與他人的交往過程中留有緩衝空間，把強硬的觀點變成事實的表述。

其次是I（影響）。「影響」更著眼的是客觀因素，是B（行爲）直接導致的後果，比如一名學生遲到十分鐘會影響大家上課的秩序，會吸引老師的注意力，會打亂老師的教學節奏，當然也會影響他自己的學習。一般而言，I是短期的、局部的影響。

最後是C（結果）。相較於I（影響），「結果」的作用是長期的、全面的。除了一些十分顯著和直接的重要結果，更多的場景是，長期的「結果」往往是由短期的「影響」積累堆疊而來的。比如在當下的職場環境中，很多員工都將遲到、對客戶爽約、發郵件不回等視爲無足輕重的小毛病，但長此以往，必然會嚴重危及人與人交往的基礎：信任。因此身爲他們的管理者，你有責任、有義務把長期後果對他們講清楚。

專業的ＢＩＣ，才是有效的ＢＩＣ

在Ｃ（結果）這一部分，我可以和大家分享一個技巧：把結果與對方的長期利益建立連結，唯有如此才能讓他們產生更加深刻、更加清醒的認識。這一點非常重要，我舉一個自己經歷的例子。

那是我第一次去ＩＢＭ講「可複製的領導力」，第一節課上完後，同行人員都跑來對我說講課的效果很好，我的自我感覺也挺好，所以特別高興。大家要知道，第一次在ＩＢＭ這種管理理念十分先進、十分成熟的巨型企業講課，發揮得還不錯是一件特別值得驕傲的事情。

但是當天晚上ＩＢＭ的人打電話給我，說：「樊老師，關於今天上午的授課有一些問題，我想和您做一個回饋，您有時間嗎？」

如果是一般的企業或管理者，在對方表示可以指出錯誤時，一般都會直接把問題列舉出來，例如：「團隊的溝通角色部分你講錯了」，或者是「關於某某內容你講得和我們的講義不太一樣」等等。聽到這樣的「錯誤」，我想很多人心裡都是不會承認的，因爲對某件事情的理解可以用淺顯和深奧界定，但是很難用對與錯界定。

但是IBM的人在聽到我說方便溝通後，說道：「樊老師，今天早上您在講團隊這部分內容時，您是這樣說的……」然後對方把我上課講的話幾乎是原原本本地複述了一遍。用BIC理論來說，就是把B（行爲）的部分講清楚了，也可以說是把「事實」梳理清晰了。

然後他接著說：「我觀察學生在做遊戲的時候，沒有完全體會到您的這幾點。如果不把這些內容講清楚，可能會影響他們對知識點的吸收。」這是I（影響）。學生無法眞正有效地學習、領悟我所講的知識，屬於直接的、短期的影響。

再接下來他說：「如果接下來還是如此，我們擔心這門課程在中國的傳播效果會受到影響，而且不利於您成爲一名優秀的facilitator（推動者）。」這是C（結果），而且把我個人的長期利益與他們的觀點掛鉤。拋開其他內容不談，即便我再怎麼不同意對方的前兩段話，對於長遠的影響和利益，我肯定是要嚴肅慎重對待的。而且對方在與我的利益建立連接後又說了一句：「樊老師，我想聽聽您的意見。」

面對IBM有理有據的BIC，我向對方承認並沒有注意到這些事情，我只是想盡量多講一些知識點。優秀推動者的特點是要讓學生有體會，而不是自顧自地輸出內容，否則就變成了填鴨式教育。

在聽到我承認錯誤之後，對方表示：「不過不要緊的，樊老師，如果您有什麼獨特的設計也可以講出來，或許您的打算是對的。」這句話是最讓我感動，也是最讓我受益匪淺的部分。因爲授課內容和課程設計出現錯誤的主要責任方明顯在我，可是他們在提意見的時候依然十分尊重我，眞正做到了就事論事。最後我表示接受對方的建議並進行改正，同時也對他們人性化的建議方式表達了感謝。

經過這件事情之後，我深刻體會到了「提問」的意義和價值，也學會了提問。

更難能可貴的是，對方並沒有因爲我第一次講課出現事故而輕視我，我也沒有因爲對方指出了我的不足而敵視他，我們兩個人成了可以相互幫助、促進成長的朋友。我十分珍視對方的專業，這種專業不只體現在看待問題全面、客觀、準確的能力上，也體現在他敘述問題清晰且人性化的態度上。

反觀一些不專業的人，他們總是喜歡給自己貼標籤，比如「我是一個直性子」「我習慣於有話直說」，其實我不認同這種觀點。人都是情緒化動物，「有話直說」看似公平客觀，實則免不了「夾槍帶棒」，如此是很難讓對方心平氣和接受的。

在與IBM的長時間合作之後，我發現他們的管理者與員工在溝通時基本都是如此專業。即便是一個剛畢業的大學生，IBM也能透過三個月的培訓，把他們的職業素養提升到很高的層次。或許這也解釋了爲什麼IBM能夠成長至如今龐大的規模，這是值得我們借鑒參考的優點。

在具體實施運用BIC之前我希望大家明白一個道理，雖然職場要求員工要具備足夠的職業素養去接受負面回饋，但我們也不能完全剔除員工身爲人的人性化、情緒化的一面。換言之就是，我們要如IBM一樣足夠專業地顧及對方的情緒，在尊重對方的基礎上讓他們接受建議，這也是體現管理者專業的地方。

此處提到的尊重，可以是認可員工的能力、員工某一階段工作的成就或是員工的優點，用員工的亮點而非不足去引導他們成長，如此一來，團隊的建設才能更富建設性和廣闊前景。

四大步驟落實ＢＩＣ

透過ＢＩＣ理論的學習我們知道，管理者在注意到一個令人擔憂的負面問題時，首先要做的就是把它拆解爲行爲、影響和結果，然後以這些因素爲基礎與員工展開溝通，直至找到合理的解決方案。溝通可以分爲四大步驟：設定情境、給予回饋、鼓勵和傾聽，以及構築員工成就感。

設定有效的情境，進行有效的溝通

簡單來說，設定情境就是在溝通之前用一句話做鋪墊，比如「我今天要跟你談一件……事情」，它的作用在於，讓雙方在具體交流之前有一個大致相同的認知。否則雞同鴨講，員工根本抓不住管理者說話重點，也就使溝通的效力大打折扣。

我見過很多企業的管理者有一個共同特點，即講話雲山霧罩。他們從來不直接點題，而是習慣於旁敲側擊地讓員工自己悟、自己理解。乍看之下，這種交流模式似乎能夠促進員工主動思考，是一種優秀的方式。但是大家要明白，我強調鼓勵員工主動思考的前提，是以管理者爲引導，這種方式可以確保員工的思考在正確的通道內進行，如此才是有效思考。相比之下，員工在進行「雲山霧罩」式的思考時，其思考重點不在工作上，而在「老闆講話的重點是什麼」。換言之，員工是在琢磨老闆的心思，而非工作內容。員工思考的出發點是錯的，後續的過程和結論自然也是在做無用功。

我推薦大家一本書，叫《金字塔原理》，是由麥肯錫顧問公司有史以來第一位女性顧問芭芭拉·明托撰寫的。書中提到了一個案例，用來證明在不設定情境的情況下，聽眾難以理解講話者想要表達的含意。案例具體內容如下：

可以根據用途，把它們分成兩塊，可以用機器的方式處理，也可以用人工的方式處理；可以加入化學試劑，也可以不加；最後可以讓它們自然地恢復原狀，也可以用實用物理的方法恢復原狀。

在不設定情境的前提下，我相信沒有多少人能夠看得懂上面這段話。這個前提，也就是既定情境其實很簡單，就是如何洗衣服。有了它，整段話就鮮活起來，也有了意義。

一個簡單的情境可以讓凌亂模糊的語言有意義，這就是設定情境的價值所在。當然，設定情境是一方面，設定一個有效力的情境是另一方面。舉兩個例子。第一個，如果管理者對員工說：「今天我和你談談工作。」那麼這個情境明顯就是無效情境，因爲「工作」的範圍過於廣泛，員工難以找到思考的著力點。第二個，情境設定爲「今天我要和你談一談你工作態度的問題」，此類帶有明顯負面性質的，甚至是帶有攻擊性質的情境設定也是無效的，它會引發員工的抵觸心理，員工自然就不會心甘情願地與管理者討論「工作態度惡劣」的問題。

因此，情境應當是中性、學術化的詞彙，比如「今天來聊一聊銷售技巧的問題」「如何推進下一階段的工作」「我們來談一談如何提升團隊的工作氛圍」，如此精準地界定交流範圍，不僅有助於對方理解溝通重點，也幫助對方接受商談結論。

給予全面的回饋，消除對抗情緒

關於回饋我想特別強調一點，管理者要把ＢＩＣ，即員工的具體行爲、帶來的短期影響和長期結果一次性全部講給對方聽，如此才能有效避免管理者與員工陷入相互對峙、推卸責任的場景之中。

假設一個場景：某員工的週績效下滑了二〇%，其上司找他談話。如果此時管理者不是一次性講清楚ＢＩＣ，而是說：「你上週的績效下降了二〇%，爲什麼呢？」相信大家都遇到過這類上司，總是習慣於在講完一個事實之後，馬上詢問爲什麼。我講過，人有誇大難度的本能，在管理者問「爲什麼」的場景中，員工同樣有推卸責任的本能，他們會找各種理由，比如環境改變了、別人做得更糟糕等。

如果我們從員工的角度來理解這一場景，當管理者把自己的糟糕表現和爲什麼放在一起時，他們會自然而然地把它視爲一種指責，進而因爲恐慌、害怕等情緒激發推卸責任的本能。其實雙方都明白，員工所說的理由大部分是不成立的，但又因爲眞實的原因涉及工作積極性，甚至工作能力等決定性因素，所以不到萬不得已員工是不會坦白的。

相對的，如果我們把ＢＩＣ完整地拆解給員工，他們則會產生「老闆是爲我好」「老闆想的比我周到」「老闆的境界和格局比我高」等感受。如此一來，員工不僅容易接受現狀，也會提升工作積極性，更加努力地工作和積累能力。

以傾聽和鼓勵構築雙方的理解

從回饋轉到傾聽和鼓勵的方式其實很簡單，就是去詢問對方的感想，比如「我想聽聽你的想法」，把闡述的主動權交到對方手中，以此來探究問題背後眞正的原因。傾聽是很重要的一個溝通工具，它要求的最主要能力有兩種：提問和反映情感。關於提問極其重要的一點是，問題必須是開放式的，而非封閉式的。比如大家經常聽到的「是不是因爲……」，就是一個典型的封閉式問題，員工給出的答案基本分爲「是」或「不是」兩種，管理者很難觸及對方眞實的想法和觀點，也就失去了提問的意義和價值。開放式的問題則正好相反，諸如「你的打算／想法／解決方案是什麼」等提問，會給員工留有足夠的表達空間。這也是我在講解GROW模型時多次提到並且強調的。

反映情感應用的場景一般分爲兩種：對方不悅或情緒波動比較劇烈，具體的應對工具包括我以前講過的非暴力溝通、關鍵對話等，以安撫對方情緒爲主要目的，例如：「我知道你壓力很大」「我能理解你很生氣」等。在對方情緒回歸正常之後，我們再繼續開展接下來的溝通。

眾所周知，溝通本質上來說就是一個雙方互相理解的過程，管理者提出問題後的傾聽和鼓勵其實就是在構建對員工的理解。

此外，這一階段的主要目的不是分清責任，而是梳理清楚現狀，雙方互相理解無疑更加有利於獲得全面、客觀的資訊。

構築員工成就感

在獲得現狀、員工的想法和計畫後，一名優秀的管理者接下來要做的就是把成就感交給員工。在很多員工的認知裡，成就感其實是十分重要的一個因素，甚至比獎金更重要。當然，換個角度來思考，獎金可以視爲成就感的一種具體體現。相信大家明白，相較於短期內的物質收穫，有追求的優秀員工更在意的是長期發展和成就感，比如能力的成長、職位的升遷等。

但讓人痛惜的是，市場中有很多管理者根本意識不到這一點，或者說做不到，他們往往會把成就據爲己有，而把責任推給員工，例如：「我早就告訴你這樣不行了，你就是不聽」。大家換位思考一下，不管具體的實施過程是否眞的如管理者所料，這句話都足夠給人巨大的打擊。我想這樣的勸諫方式任誰都不願意接受。

其實給予員工成就感是一件很簡單的事情。舉個簡單的例子，當員工提出一個開創性的建議時，管理者可以說：「你這個建議特別棒，我們應該在全公司進行推廣。」如果其中存在一些不成熟的部分，我們可以說：「你這個建議特別棒，只要把其中某某部分稍做調整，我們就可以在全公司進行推廣。」

但如果是一些較嚴肅的問題，比如員工的業績或團隊氛圍出現問題，那麼在四大步驟的基礎上，管理者還需要追加兩個措施：一是行動總結，二是跟進計畫。

首先是行動總結。大家要學會區分行爲和行動，比如管理者就團隊氛圍問題與某個員工溝通之後，對方承諾會加強團隊協作以確保自己更加融入團隊。員工的承諾就屬於行爲。管理者要做的是監督員工把行爲落實爲具體的行動，比如請團隊成員吃飯、向他人道歉等。

其次是跟進計畫。在員工落實具體的行動一段時間之後，管理者應當再和員工交流一次，詢問其結果和感想，確保溝通的有效性。

不論是四大步驟還是六大步驟，當管理者運用這些方法與員工進行溝通之後就會發現，引導員工主動表達想法和觀點，或者我們給對方提出一些意見和建議，其實都能有效拉近雙方距離，一定程度上消除了職位在雙方交流時的阻礙。

然而，在如今的職場環境中，有很多管理者不願意或懼怕給他人提建議，由此就形成了一個十分常見的管理陷阱，叫做「用考核代替輔導」。就是當一名員工出現工作積極性或其他問題時，管理者總是不以爲意，認爲下個月發薪水、發獎金時員工就會明白。在他們的認知裡，員工的全部追求只有金錢。關於員工工作的目標和追求，我們已經進行過充分的討論，所以寄希望於用薪資喚醒員工工作積極性的觀點本身就存在偏頗，其效果自然無法得到保證。

我們經營一家企業，管理一個部門，最希望看到的就是員工與企業、部門共同成長，共同進步，而之所以有的管理者不願意下功夫去輔導員工，是因爲當兩個人很嚴肅地探討一件事情時，探討本身也會對管理者造成巨大的壓力，而每個人都有逃避壓力的本能。

金無足赤，人無完人。每個人都會犯錯，對待問題的不同態度讓我們成爲不同的人，比如優秀的管理者和員工會把嚴肅溝通時的壓力視爲成長的動力，而非對自己的刁難。

管理者學習BIC理論的目的是讓員工更好地直面錯誤，從中吸取教訓完成進步。那麼BIC理論的重點是四大溝通步驟嗎？是，也不是。

說「是」，是因爲這四大步驟的的確確可以幫助管理者更合理地與員工進行交流，讓對方心甘情願地正視回饋，接受負面回饋；說「不是」，則因爲步驟只是表達形式，它們背後代表的本質邏輯才是眞正重要、有價值的內容，比如傾聽、員工的成就感等。如果管理者只是死板地「依葫蘆畫瓢」，不過是在以正確的方式做錯誤的事情，員工感受不到管理者的誠意，那麼雙方的溝通就是一幅有形無神的畫，沒有太大的價值。

後記

我之所以要推出這本書，是希望幫助大家升級管理思維，爲大家提供一個更全面、更客觀的認知組織內生物態和機械態區別與重要性的視角。與此同時，我在書裡也爲大家提供了一些落實的方法論，例如：如何培養批判性思維、如何有效地與他人溝通，以及如何傳遞負面回饋等。透過這些方法，大家更能了解組織、融入組織，進而平衡組織內的生物態元素和機械態元素，使兩者完美地結合、共存。

隨著科技的不斷發展，隨著自己管理能力的不斷提升，我們能夠掌控的部分可能會變得越來越多，也就是機械態會越來越成熟，但是我們隨時得具備生物態的思想和想法，只有這樣，這個公司或組織才能不斷地靈活調整和適應，才能應對時刻變化的外部環境。所以我把領導力這件事情分了三個層面：理念、方法論和技術。

首先，我們應該在理念的層面達成一致——我們有一個共同的理念，我們認同這樣的事情，我們願意這樣去做。其次，根據這個理念，根據對公司形態的認識，我們會有自己的一套獨特的方法論，指導我們怎樣讓公司發展得更好。最後一個層面是能力的層面，就是我在《可複製的領導力》裡所講到的每個職場人和管理者都應具備的最基礎的技術動作。

我過去強調技術和能力層面的內容比較多，可能的一個原因是能力部分在我體內已經內化，而且當這個東西內化了以後，你會覺得它好像沒那麼重要，大家不都這樣嗎？似乎應該都是這樣，這是知識的詛咒。但實際上，有很多年輕人根本連怎麼和別人開會都不會，怎麼激勵一個同事也不會，甚至和別人談話都沒學過。

所以，理念、方法論和技術這三個層面，其實都很重要。這本書會更偏重理念和方法論，而《可複製的領導力》則更偏重技術性的內容。只要對這三個層面形成清晰的認知，這個公司或組織就能夠滾動起來。

Eurasian Publishing Group
圓神出版事業機構
用心與你對話・視野無限寬廣
先覺出版社
Prophet Press
www.booklife.com.tw reader@mail.eurasian.com.tw
商戰系列 236

可複製的領導力②：
樊登的7堂管理課，讓優秀的員工自己長出來

作　　者／樊登
發 行 人／簡志忠
出 版 者／先覺出版股份有限公司
地　　址／臺北市南京東路四段50號6樓之1
電　　話／（02）2579-6600・2579-8800・2570-3939
傳　　真／（02）2579-0338・2577-3220・2570-3636
副 社 長／陳秋月
主　　編／李宛蓁
責任編輯／林淑鈴
校　　對／劉珈盈・林淑鈴
美術編輯／林韋伶
行銷企畫／陳禹伶・黃惟儂
印務統籌／劉鳳剛・高榮祥
監　　印／高榮祥
排　　版／莊寶鈴
經 銷 商／叩應股份有限公司
郵撥帳號／ 18707239
法律顧問／圓神出版事業機構法律顧問　蕭雄淋律師
印　　刷／祥峰印刷廠
2023年7月　初版

定價 370 元　ISBN 978-986-134-460-7

任何一個管理者都要明白，想要讓團隊獲得持續健康的發展，必須激發團隊各成員的潛能。在這個過程中不可避免會犯錯，然而，任何團隊或個人的成長都要透過不斷嘗試錯誤才能獲得，不犯錯就不會發現自己各方面存在的缺陷，不知道如何改進。

——《可複製的領導力：300萬付費會員推崇，樊登的9堂商業課》

國家圖書館出版品預行編目資料

可複製的領導力②：樊登的7堂管理課，讓優秀的員工自己長出來／
樊登著-- 初版. --臺北市：先覺, 2023.7

320 面；14.8×20.8公分 --（商戰系列；236）
譯自：可複製的領導力（2）：樊登的7堂管理課
ISBN 978-986-134-460-7（平裝）
1.CST：企業管理　2.CST：企業領導

494.2　　112007850